黑洞的可能與奧祕：天體碰撞、吸收光線、扭曲時空……
為什麼人們要研究星空與黑洞？

毀滅，還是新生？

姚建明 編著

目錄

前言

又能「看見」黑洞了！一時間似乎全世界都開始關心天文學了。其實，是真的能看見了嗎？從某種意義上說，天文學家早在 1980 年代，就已經「看見」黑洞了。當然，他們是在無線電波段，利用電波望遠鏡探測到黑洞的高能粒子輻射，並成像的。

寫這一本書之前，思考、醞釀了很久。主要是因為，單單地去寫黑洞，那只能是像那些連「科普」都談不上的，只是吸引人注意的大眾式的簡介。作為天文學的普及讀物，肯定是不夠格的；且讀完這樣的書籍，讀者依然還是一頭霧水。這本書最後用了不少的篇幅，向大家介紹人類認識宇宙的歷程。透過介紹地球從「平的」到「球形」，人類是怎樣逐漸明瞭太陽的能量來源的，五大行星都是怎樣命名的等等。讓讀者明白，以前我們不知道的，為什麼現在知道了；以前我們看不見的，為什麼現在看見了！

本書也只是把重點放在讓讀者明白：什麼是黑洞？它真的「看不見」嗎？黑洞是怎樣形成的？黑洞對周邊的天體都會產生什麼影響？如果某一天地球附近真的「飄來」了一個黑洞，我們能怎麼辦？我們要做的，起碼是要了解和認識它們；至於它真的來了，還是那句話 —— 天塌了，有個子高的人頂著。

前言

作為「資深」的天文愛好者，深深地明白，宇宙中那各式各樣的星雲，才是產生那些奇奇怪怪的天體的「母源」。所以，第 3 章我們談論所謂的「幸運星」，為大家介紹恆星、星系是怎樣形成的。重點就是告訴大家，它們都是星雲團凝聚的結果。

至於「幸運星」，宇宙無奇不有，無所不包。越了解宇宙，你就會越「幸運」；越認識宇宙，也就能越早遇到屬於你的「幸運星」。

是知識為你帶來「幸運」；是書籍為你帶來知識；是宇宙為你帶來認識世界的能量；「知識」就是你的「幸運星」！

我在高中教授天文學的相關課程已經差不多 20 年了，最讓我難忘的一件事就是，有一次上課前，我照例提前 15 分鐘到教室，一進門就看見第一排已經坐了一個男孩子。他見我拿著《天文知識基礎》的課本，就走了過來，直接和我握手（還是雙手那種）……說實話，當時我有點愣住了！除了科普講座、演講外，很少在上課時被這樣問候呀。接著，他對我說：「我是一個天文愛好者，一直很期待能上這堂課。」還沒等我回答，他接著又說：「老師，我可是帶著很多的問號來上你的課的！」我馬上就回答他：「上完我的課，你會帶著更多的問號離開的……」這一次輪到他愣住了。我把他拉到黑板前，在黑板上畫了一個圓（見圖 1），然後在圓周上畫了若干個問號，對他說：「我們做個比喻吧，這個圓的裡面代表我們（你）已經知道的天文學知識，而圓的外面，更廣闊的區域代表了我們（你）未知的天文學知識。兩者交界的地方就是圓周，意味著你只是一知半解的知識，需要進一步學習、理解。我們在圓周上打上問號，代表著我們的疑問所在。因為你只有對問題或現象略知一二，才有可能（有資格）提出問題，打上那些問號呀！根本不懂的知識，你根本就不知道如何提問題，哪來的問號？」他似乎明白了點什麼，我接著又在圓圈外面畫了一個更大的圓，對他說：「課程結束時，圓裡裝的東西是不是變多啦？圓周長是不是變長了？你是不是會帶著更多的問號，離開這個課堂呀？」

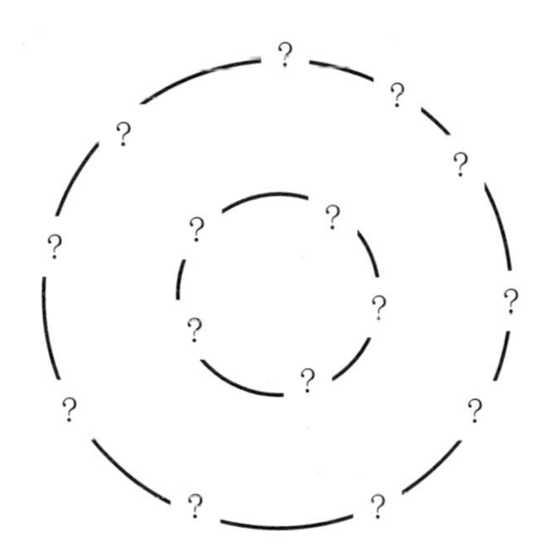

圖 1　圓內代表已知，圓外代表未知，
學習得越多我們的圓就越大，邊界（圓周）也就越長，承載的問號也就越多

由此想到人類了解、認識宇宙的過程，不是和我們前面畫

的小圓、大圓、不斷變大的一個個的圓一樣嗎？

這本書是想向你介紹人類認識宇宙的過程，但是，漫長的人類「宇宙史」是我們一生一世也講不完的，所以，我們為你抓住宇宙中最吸引人注意的東西：「吞噬」物質的黑洞、宇宙「燈塔」脈衝星、擁有超級「能量包」的吸積盤、噴流，當然還有創造宇宙萬物的星雲、星團、星際物質。

第 1 章

到底有多少個宇宙

根據「大數據」的資料，進入 21 世紀以來，人類的高科技成果中，尤其是基礎理論方面的研究，超過 60% 都與宇宙學有關。對一般人來講，宇宙的深邃、廣闊無垠，充滿了神祕；對科學家而言，宇宙中的高能量、高密度等條件，是地球上所不可能具備的「實驗室」。但是，不管是抱有好奇心的普通人，還是致力於探索的科學家，無論如何，要想認識宇宙，都需要一步步地走。

1.1 感受人類認識宇宙的過程

人類認識宇宙，形狀上的「天圓地方」也好，結構上的大象或者烏龜身負大地也罷，這些基本上都是神話故事，稱不上人類真正科學意義上的認識宇宙。我們這裡要談的人類認識宇宙，是「科學」地認識宇宙，需要從人類認識宇宙所建立的各種模型（理論）出發。

1.1.1 感知世界、探測世界和理論世界

人類認識宇宙，認識周圍的世界，基本上是透過認識三種不同的、漸進互通的世界來完成的。這就是：感知世界、探測世界和理論世界。

感知世界「控制」了我們

感知世界是我們作為生理學意義上的人，憑藉我們的感覺器官所能直接感受到的世界。比如看到、聽到、嗅到、嘗到、觸摸到……以及由它們帶來的相關記憶（見圖 1.1）。我們的思維，大多數時間都沉浸在這個感知世界裡。

現實中，我們好像是在這個感知世界裡生活，然而實際上，我們每天都會多次觸及它的邊界，去連通那更深遠、更廣闊的世界。比如說，朋友打電話來，手機響了，你看到了螢幕

提示，接通電話聽到了朋友的聲音，這些都屬於感知世界的一部分。接了電話，如果你是一個愛提問的人，一個充滿好奇心的人，你可能就會想：朋友在目力所不及、聽力所不及的地方，聲音是怎麼透過手裡的這個「金屬盒子」傳送過來的呀？這一想，你就已經進入到探測世界了。

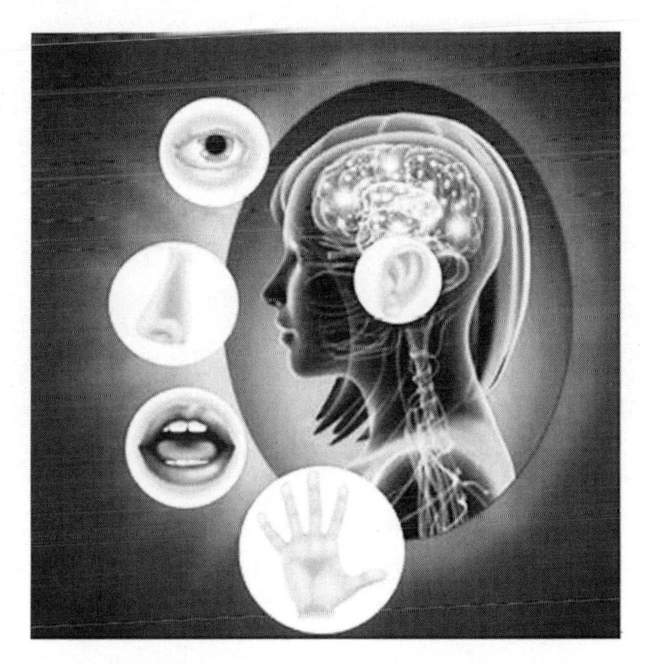

圖 1.1　感知世界支配我們的日常生活，也限制了我們的思維

探測世界就是我們不能直接意識到它們的存在，但是可以透過間接方法（也就是利用工具）證實其確實存在的部分。比如傳播手機訊號的電磁波，它們看不見、摸不著、聽不到，但

是我們可以利用相應的設備去製造、傳播和接收它們，確認它們的存在。其實正如我們一直生活在感知世界裡一樣，我們也一直生活在探測世界裡。只不過我們並沒有像在意感知世界那樣確切地意識到它的存在。我們的思維都集中在感知世界啦！試想，你在接電話時，頭腦所想的肯定是朋友說的事情，最多再留意一下他的語氣、聲調等用來揣測他的情緒，肯定不會去關心朋友說話的聲音是怎樣傳遞到你的耳朵裡來的之類的問題。

這種對探測世界的不在意，是科學思維和非科學思維之間最大的差別所在。我們之中的大多數人，儘管生活在探測世界之中，但一般還是趨向於將它產生的效果歸入感知世界中，這就會產生很多奇怪的想法和錯覺。我們盯著電腦螢幕，然後進行各種操作，就好像網路真的就在我們面前。真的是嗎？大多數人想想之後就會說，不是的，網際網路是透過各種設備和軟體構成的系統，但是，這些現象確實導致我們產生了「真實」存在的錯覺。其實這種錯覺是構成「系統」的那些「工具」為我們間接造成的。獲知電磁訊號的存在，我們依賴的是探測世界，它們讓我們的感知世界產生了似乎真實的間接感知。同樣的事情也會發生在我們頭頂的天空，抬頭看看那璀璨的夜空，那些星星似乎就是一顆顆鑲嵌在天球上的寶石，它們看上去並不是真的遙不可及。不對，這是你的感知世界。借助於望遠鏡，借助於各種方法、理論，我們才會知道，它們和我們之間的距離差距很大。所以，我們必須真正地進入探測世界，去認識和理解大自然以及宇宙的真實存在。

探測世界具有一種被稱為「使用者親和性(user-friendliness)」的「隱藏」特性。所謂「使用者親和性」，指的是在不需要理解原理的情況下，利用看不見的非實際存在的物體的能力。「使用者親和性」為日常生活帶來了很多便利。但是，我們要想弄清楚這個世界究竟是什麼樣子，要想探測我們眼睛看不見、耳朵聽不到的世界，就需要跨越「使用者親和性」這層障礙，然後才能認識到「舒適圈」之外的精彩世界。

當然，放棄輕鬆感知事物所帶來的舒適感，聽起來可能會讓人覺得不太舒服。但是，人類所具有的好奇心，總是能讓我們對那些隱藏的事物，對那些我們無法直接看見的世界趨之若鶩。而且，人類思維最強大的力量之一就存在於探測世界中，比起手機、網路等為我們帶來的便利，也許我們更想知道在它們背後真正在發生著什麼——無線電波在空氣中是如何傳播的？嘴和聲帶是如何發出聲音的？聲音是怎樣承載著電磁波傳播的？耳朵又是怎麼能聽得到聲音的？等等。

想了解手機、網路的功能和如何使用它們並不難，有使用說明書，有懂得操作的人為我們示範。可是，我們周圍的世界，那些樹木、雲朵、颱風和火山有說明書嗎？對大部分人來說，只存在於頭腦中的宇宙能有人模擬演示它的運行嗎？那麼，我們又怎麼得知它們是如何「運轉」的呢？知道了它們的運轉方式後，我們又如何探知和預言它們今後的發展呢？這些，正是科學以及科學家努力的方向。

想像力是人類最可貴的存在

試圖去了解、認識、利用並推測我們周圍的世界，是人類的本能，是人類發展的必然。這種了解，一部分是由我們感知和探測到的事物組成的 —— 僅僅是一部分而已，剩下的部分就是人類智力的集合，即理論。這個由智力創造的理論世界，就是我們所說的三類世界中的最後一類。理論世界將感知世界和探測世界編織在一起，構成了一個清晰的圖像。它能夠為我們全面地、系統性地解釋事物是如何運作的，以及為什麼會發生；更重要的是它可以作為我們科學探索的新起點，去創建新思想和新的知識架構。

因此，科學的發展透過理論、探測和感知形成了一個循環。理論能指導探測和感知，感知會對探測結果提出質疑，探測結果可能對理論提出挑戰。這個動態的過程是科學最重要的組成部分，同時也是一般大眾最不了解、最容易忽視的部分。人們經常談論理論，學生們學習的知識大部分也是以理論（定理、定律、原理等）形式出現，觀測和探測有時候也會在討論科學問題時被提及，但是，並沒有被重視。真正的動力，也就是真正讓科學成為科學的動力，是這三類世界的彼此一致，也就是它們之間是如何連通，如何影響，怎樣逐步昇華的。而這些正是普羅大眾所不知道的。由此產生了各種玄妙的說法，還有對科學和科學家的盲目崇拜，而忽略掉了科學探索的艱辛和努力的過程。這並不是因為科學家想要讓自己的工作保持神祕，而是因為有很多層面都是科學研究中難以解釋的。或者說，在一般大眾和科學家之間有著若干「鴻溝」，或者是交流障礙。這樣的情形對科學家、對一般大眾，甚至於對科學本身都造成了一定的損害。

學校、社會，教師、家長和科普工作者都在為越過這些「鴻溝」架設橋梁，在使用各式各樣的語言和方式去為一般大眾克服所謂交流的障礙。那麼，我們為什麼要花時間在這些「鴻溝」上架橋呢？為什麼我們（包括科學家）不能簡單地捨棄可探測的世界和理論世界，而僅僅生活在一個我們看得見、嘗得到、摸得著的，真實的、可感知的世界呢？看看兩個名人（圖1.2）給我們的答案——

> 科學有很多令人著迷之處。我們只是對想要了解的真相進行了小小的投資，就有大量的猜想作為回報。
>
> ——馬克·吐溫
>
> 我是依靠想像力任意創作的藝術家。想像力比知識更重要。知識是有限的，而想像力則可以環繞世界。
>
> ——阿爾伯特·愛因斯坦

圖 1.2　馬克．吐溫和愛因斯坦

馬克．吐溫當然是一位富有敏銳洞察力的幽默大師，他能將「令人不舒服」的想法具體地化為諷刺的語言。他認為科學家應該跟著事實走，而不是杜撰奇異的理論和痴迷於瘋狂的推測。愛因斯坦的觀點好像與馬克．吐溫的觀點相反。愛因斯坦認為，天馬行空的想像力比與真相相關的知識更重要。但是，知識與想像力之間的鴻溝，本身就是一個錯覺，它們之間更像是有一條逐級上升、直到天際的階梯連接著，就看你有沒有本領走上去。前面的兩位，他們一位是作家，一位是科學家。似乎一位正徘徊在階梯的底端，而另一位似乎已經在大眾所不能及的雲端。作家認為，真相是想像的基礎；科學家則認為，想像會揭示真相。

我們姑且先「淺顯地」理解馬克·吐溫的評價，這也代表了一大批沒有真正經過科學教育、科學實驗的社會人群。這些人由於生活和理解的局限，更願意簡單地去進入生活，去理解世界。為什麼在科學研究中我們不能僅遵從事實呢？對於這一群人，他們可能會這樣提問。

在科學研究中，我們會面對兩類事實，一類直接來自於我們的感覺（感知世界），另一類則來自於實驗儀器的測量結果（探測世界）。植物學家去數豆莢中豌豆的數目，這個數目就是感知世界的一部分。當微生物學家用顯微鏡去測量細菌的長度時，這就屬於探測世界的一部分。我們抬頭看天上的星星，有的亮、有的暗，這是感知世界；用望遠鏡加上光度計去測量每顆星的發光強度（數值），這就屬於探測世界。如果你只滿足於感知世界，那麼，對於豆莢裡的豌豆就只能停留在去數它們的個數了，至於為什麼它們有的大、有的小。有的飽滿、有的乾癟，感知（感覺）世界是無法告訴你的。而透過細節的觀測（利用顯微鏡）可以讓你看到它們結構的差異（缺陷所在）。這就是探測世界為我們帶來的好處。同樣的，望遠鏡、光度計也會告訴你天上的星星到底為什麼有的亮、有的暗。

探測世界為我們帶來的（新）東西，讓我們激動不已。但是，也會讓我們感到茫然和不安，我們怎麼知道顯微鏡顯示的究竟是什麼東西？我們又怎能確定這些東西和我們的感知世界所感覺的東西是一回事呢？天上的星星我們怎樣去判斷它們的亮度？它們為什麼能發光？望遠鏡看到的是什麼？光度計接收的又是什麼？難道我們不需要一些解釋儀器如何工作的理論嗎？於是理論建立起來了，可以驗證實驗。但是我們還需要不斷地改進、進步，不然，我們就會陷進「探測驗證了理論的正確性，理論解釋了探測的正確性」的循環論證謬誤。所以，在我們理清了感知世界、探測世界、理論世界的連繫之後，我們還不能滿足，還是要不斷地進行新的科學研究，提升我們認識世界的能力。

人類好奇的天性和不斷進取的精神，不允許我們只滿足於知道事物、世界的表面現象。就像是一個喜歡「小道消息」、「流言蜚語」，「愛管閒事」的「迷妹迷弟」一樣，科學家是大自然的「粉絲」，他們經過了嚴格的訓練、具有專業的能力和探索世界的方式，去探索未知並得出結論，用這些專業的東西來確保已知的資料得到證實，這就是科學，是一種專業的「愛管閒事」。也可以順便就把科學家稱為「愛管閒事的人」。科學家嚴謹地運用並檢驗理論，利用可靠的儀器設備來探測未知世界。有了科學儀器，人類就可以有效地進入探測世界。透過合適的設備和軟體，我們不但深入到了雙手無法觸及的世界，踏進了雙腳無法到達的領域，甚至能探測到思維之外的幻想世界。但是，作為一個可靠的連結，我們必須通曉這些儀器的工作原理，知道這些工具是如何進行工作的，更重要的是，清楚它們必須在什麼情況下測量，得到的結果才是真實可信的。

顯微鏡和望遠鏡都是突破了人類先天不足的測量儀器（工具）。那麼顯微鏡究竟是什麼？生物學家為什麼要用顯微鏡？望遠鏡是利用鏡頭組合來觀測遙遠物體的儀器，都是什麼樣的鏡頭組合在一起？天文學家都是怎樣操作望遠鏡的？閱讀一下顯微鏡和望遠鏡的說明書，諮詢一下生物學家和天文學家，我們就明白：相比於某些哺乳類動物（比如老鷹），人類的眼睛實在是太「低能」了，小於肉眼分辨極限（眼睛的空間分辨能力）的物體，在沒有儀器幫助的情況下，我們對它們根本就無從下手（研究），是無能為力的；同樣，對於遙遠的天體，我們只能透過接收它們發出的電磁輻射來了解、研究它們，眼睛的視野和收集光線的能力都遠遠不夠。我們拿數據說話，我們眼睛的「光圈」——瞳孔，撐到最大也就是 0.8cm，而一臺普通的 24cm 口徑的望遠鏡就是人眼聚光能力的 900 倍。

接收不到（或不夠）天體發出的輻射，我們就沒有任何能夠用來研究它們的資料、證據，這個很好理解；那麼，我們為什麼一定要看到那些細小的細胞和微生物呢？我們知道，所有生物都是由細胞構成的，了解細胞的結構和功能，我們就能對生物的組成方式、功能原理有基礎的認識，從而做到「知其然更知其所以然」。所以，顯微鏡幫助我們認識到了生物體的細節；望遠鏡為我們接收了更多、更廣泛的電磁輻射，使得我們有機會全面可靠地進入探測世界。

電磁輻射從微觀角度的解釋來說，就是電子在繞原子核外軌道上不同能級之間的躍遷（見圖 1.3），低能級躍升到高能級需要吸收外界的能量，反之則會放出能量並以電磁輻射的形式輸出。能級之間的差值越大，放出（吸收）的能量越多，輻射出的電磁輻射頻率越高、波長越短，單個光子的能量越強。

描述和研究電磁輻射一般我們是利用電磁波譜（見圖 1.4）。振盪頻率最高的是 γ（伽馬）射線，也就是說其單個光子所攜帶的能量最多。接下來是 X 射線、紫外線、可見光、紅外線、微波和無線電波。

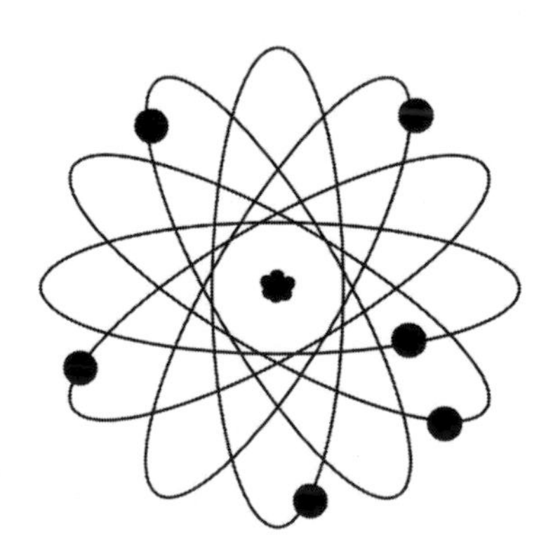

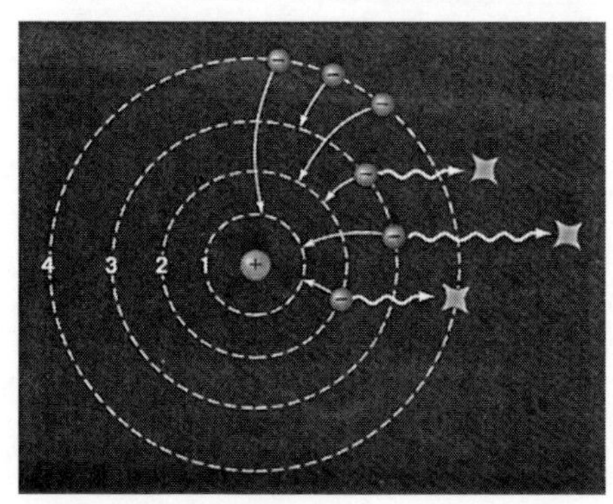

圖 1.3　原子核及核外電子的能階躍遷

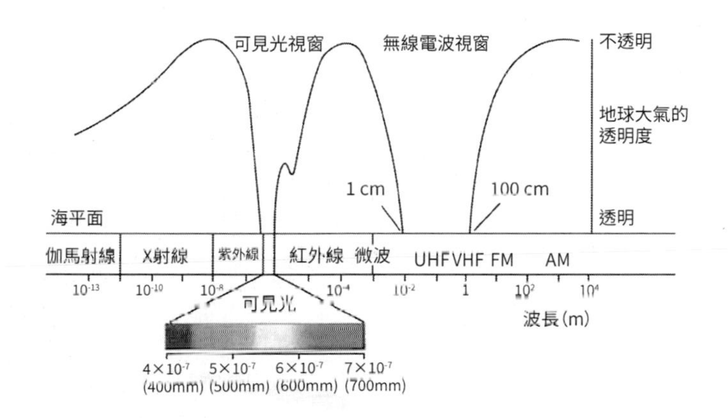

圖 1.4　電磁波譜和地球大氣窗口

人類只有看到可見光的能力，而大部分天體是可以在多個波段發出電磁輻射的。比如，著名的梅西耶天體「蟹狀星雲（M1）」，它的輻射幾乎涵蓋了整個電磁波譜範圍。你可能會問，既然我們人類只能看見可見光，那除去可見光之外的電磁輻射，對我們研究天體有什麼用呢？這樣說吧，如果讓你了解一個人，你只知道他的身高、體貌，你能懂得他的性格嗎？他做事的習慣又如何？如果你要與他一起工作或者生活，那你是不是對他的了解越多、越全面越好呀！好啦，與天文學家一起工作和生活的，就是那些遙遠的天體。就拿我們這本書來說吧，所涉獵的天體 —— 黑洞、中子星、γ 射線暴等，在可見光頻段是看不到它們的，所以，要利用專門的儀器，要合理有效地讓儀器帶我們進入它們的探測世界。

明白了（人類）自身的局限性和探測儀器的益處之後，我們就會有了解探測世界（真實性）的需求，因為我們只能間接得知這些事實。在成為理論之前，我們可能想要儘量與事實保持一致。可是，有兩個原因妨礙了我們的這個想法。一是，探測器中各種各樣的瑕疵（如顯微鏡載玻片上的雜質或者望遠鏡鏡片的球面像差）會導致我們接收到的訊息失真。用科學術語來說，探測器所探測到的既有訊號又有雜訊。為了準確測量，我們首先必須弄清楚產生雜訊的原因，然後作相應的修正。這就需要有相應的理論來解釋探測器是如何工作的。二是，即便用最好的儀器或探測器，我們也只能測量我們想要理解的那部分資訊。儀器的局限性和自然規律之間，我們能弄清楚的非常有限。對於遙遠的天體，這種限制尤其明顯。例如，目前我們只能確定太陽系中其他行星的存在，但還無法確切地知道它們的表面，甚至內部究竟是什麼狀態，因為我們沒有確實可靠的探測手段。

感知世界、探測世界和理論世界「三位一體」

那麼，對於我們無法直接測量的物體，如感知世界和探測世界中未知的部分，我們能做哪些工作呢？我們用理論來填補「漏洞」！為了將感知、探測、理論這三個世界組成一個整體，我們需要一些與完整體系有關的理論。這些理論要盡可能簡潔、自洽，這就要求人們在創立理論時要儘量簡單，同時還要與我們感知和探測的結果一致。

簡潔性主要是從方便人們理解的角度出發的。創造出富有想像力、看起來既完美又輝煌，還能抓住科學家的心的故事可能很容易（比如，追求完美的希臘人創立的地心說）。人們很難放棄這些簡潔、完美的理論（與人們很難捨棄任何美麗的事物是同樣的道理）。但是，一個科學的理論中必定含有一些被它的創立者和使用者捨棄的內容（地球是宇宙的中心），必定有些內容會受到質疑，如果質疑成立，這部分內容（地心說）就會被拋棄。如果過於依賴某個理論，人們就會背離科學真正的目的。建立理論解釋事實，而且所建立的理論不但要能準確預測未來將發生的事情，還要讓科學家建造能按照所期望的方式工作的儀器。也可以說，建立理論時，倘若能重視簡潔、自洽，就能讓人們的思考過程避免了很多不必要的附加資訊而讓理論更接近真實。

從實踐的角度來說，科學的理論應該預言我們能測量到的一些效果。當對這些效果的測量結果與理論預言一致時，會證實或者至少支持這些科學理論；技術的進步會帶來更先進的儀器，更好的測量儀器會使測量結果更精確。因此，對理論的證實或者否定是一個持續不斷的過程。如果實驗結果和理論預言一致，我們就會對理論更有信心。如果實驗結果和理論預言不一致——而且，我們能確信實驗的設計和操作都是正確的——那麼，就該去尋找一個更好的理論（克卜勒對第谷觀測數據的信任促使他認定火星的繞日軌道是一個橢圓，而不是一個幾何上「完美的」圓，並由此確立了行星運動的三大定律）。所以，探測世界和理論世界之間的分界線是變化的。那些目前無法探測到的物體，比如宇宙中神祕的暗物質，在將來就可能變得可探測到。

無論多麼努力，想要獨自生活在「眼見為憑」的世界，都是徒勞。因為，我們生活在一個「三類世界」中。感知世界、探測世界和理論世界都是建立在用我們的思維所認識到的基礎之上的。每一門科學都由這三個步驟通向這個世界：從觀察到探測，再到理論。每個步驟，往前是理解物質世界重要的組成部分，往後則是組成了我們對世界、對生活的理解部分。

天文學是一門很棘手的學科，也是一門從「三個世界」中的相互合作下獲益頗多的學科。在很多學科中，人們都能直接操作實驗對象，並觀察實驗對象的反應。我們可以在試管中進行化學反應、解剖青蛙或者測量重物落下所需的時間。但在天文學上，對研究對象進行類似的實驗、操作幾乎是不可能的，或者會受到極大的限制。儘管空間探測已經取得了巨大的成功，但實際上，天文學研究的對象仍大多數是我們只能進行被動觀測的遙遠天體。2017 年，「航海家 1 號」已經離開太陽風層，飛到了離太陽 208 億公里的太陽系邊緣（見圖 1.5），但這也只是到了我們太陽系家族的「家門口（見圖 1.6）」，到距離我們最近的恆星，還需要再飛 3 萬～ 4 萬年！目前，只完成了這一路程的 1/3000。哈伯太空望遠鏡可以在距離地表 604 公尺的軌道上觀測到目前已知的宇宙中最遙遠的天體（超過 100 億光年）。它的極好的觀測效果得益於它運行在大氣層之外。也就是說，到目前為止除了我們自己所在的太陽系天體，其他的我們都無法前往，只能仰賴觀測。

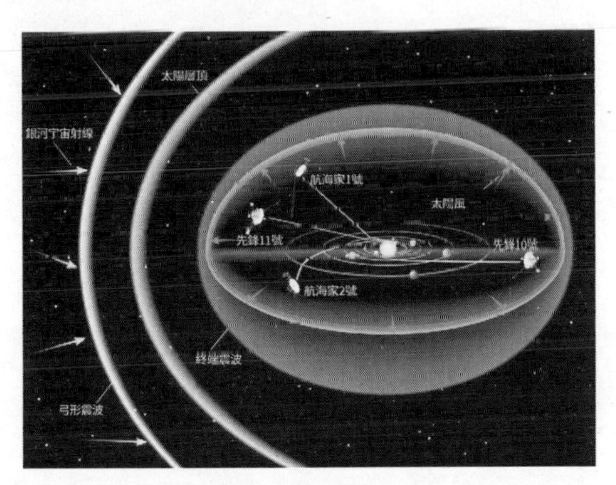

圖 1.5　星際空間和太陽系（圖中的橢圓就是太陽風能達到的位置 —— 太陽層頂，即太陽系的勢力範圍）

天文學依靠理論世界去填補我們過少的觀測數據所帶來的不足。的確，很多天體只能透過間接的方法來研究，它們的存在可以用它們產生的效應來推測得知。這種間接性對於兩類天體而言是最準確的：黑洞和暗物質。黑洞，是一類引力極強的天體，連光都無法從黑洞中逃逸出來。這也就是我們無法直接看到黑洞的原因（見圖 1.7）。暗物質不發光，但可以透過它產

生的重力效應來推測它的存在。這種「真實存在但看不見」的性質讓黑洞和暗物質充滿了神祕感。

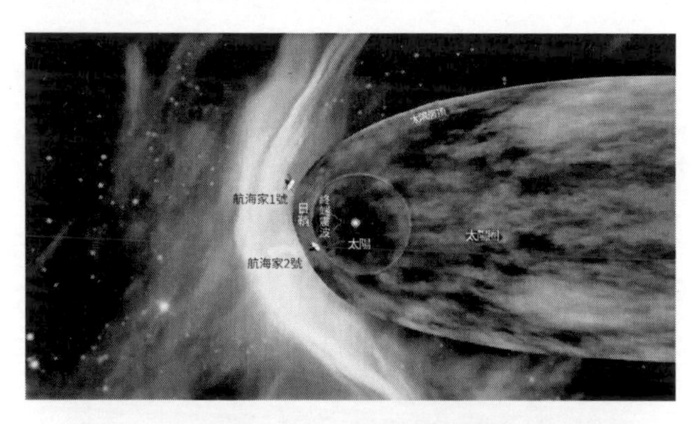

圖 1.6　太陽層頂與星際介質形成的弓形震波。
一旦飛出弓形震波，就算出了太陽系的家門

圖 1.7　黑洞「吸取」它周圍空間的星際物質，從而被我們「發現」

也並不是因為黑洞和暗物質都是暗天體，我們才會採用間接的方法進行探測，許多對於我們並不神祕的天體，由於其特殊的存在，也使得我們只能採取間接的方式去進行研究。比如，那個照耀了我們幾十億年，我們已經明白它的核反應過程的太陽。如果要研究它的內部結構，我們也只能仰賴我們接收到的太陽光。而這些太陽光，也只是來源於太陽表面的光球層，真正製造太陽光的熱核反應發生在太陽的核心，而那裡有我們無法承受的高溫、高壓。不僅僅是人類，就是我們製造的探測器，目前也無法到達那裡。因此，我們對太陽是如何輻射能量的這樣一個最基本的事實的理解，是依賴於我們無法直接看到（測量）的太陽內部區域，我們只能透過理論和觀測去得到有關太陽的內部結構以及輻射機制的訊息。

所以，就我們人類探索宇宙的發展而言，我們也是一步步地延續著感知世界 —— 探測世界 —— 理論世界這樣一個逐次遞進的循環。

1.1.2 地球、太陽和行星

宇宙，是我們所在的空間，「宇」字的本義是指「上下四方」。地球是我們的家園；而地球僅是太陽系的第三顆行星；而太陽系又僅僅定居於銀河系巨大旋臂的一側；而銀河系，在宇宙所有星系中，也很不起眼……這一切，組成了我們的宇宙：宇宙 —— 是所有天體共同的家園。

宇宙，又是我們所在的時間，「宙」的本意是指「古往今來」。「大霹靂」開創了宇宙；最初的三秒鐘形成了最初的元素——氫和氦；太陽僅是恆星家族中的第三代；而我們的家——地球，僅僅形成於宇宙大霹靂之後的 100 多億年！更加不起眼。

但是，自從有了人類，人類就在不斷地探索。探索生命，探索自然，探索我們的世界，探索神祕的宇宙，從未停歇。

一、認識宇宙從我們的腳下開始

認識地球——我們的家，是從認識它的運動和形狀入手的。地球的運動，也就是地球的自轉、地月系繞轉和地球的公轉。這裡，我們將和讀者一起認識地球的形狀。地球的形狀還需要認識嗎？不是藍色的圓球嗎？不然，怎麼會叫地「球」呢！其實，人類認識地球的過程，還真的不是一般人認為和想像的那麼簡單。

平的？圓的？棋盤、圓盾還是金環帶？

在古代，人類活動的地域非常有限，眼界自然也就十分狹窄。每個地方的人都認為自己居住的地方就是世界的中心，當地的自然環境就是世界的面貌。最早的猜想大都出於每個人直觀的感受，也就是我們前面所說的「感知世界」，這樣地球的形狀也就以種種稀奇古怪的故事和神話傳說來表達了，科學思維的萌芽與宗教、神話和藝術幻想建立起一種曲折的連繫。

「地平說」是對大地形狀的最早猜測。古代中國很早就有「天圓地方」的說法（見圖 1.8）。

後來，人們覺得地平說無法解釋眼睛看到的一些自然現象，例如地平線下的地方，怎麼會隱沒不見呢？於是進而把大地設想為不同程度的拱形：圓形的盾牌、倒扣的盤子、半圓的西瓜等。

考古發現的最早地圖（見圖 1.9），是西元前 2,800 多年古巴比倫人用泥土燒製的，殘片上除了巴比倫的疆界，還刻著當時的宇宙模型。倒扣的扁盤形大地被水包圍著，半圓的大穹覆蓋在水上。

在古希臘人的想像中，大地是由「大洋之河」團團圍住的圓地，「洶湧的河水在豐饒的地盾邊緣上翻滾」，「在海洋的邊緣上，張起了圓形的天幕似的天穹」。在古希臘地圖上，從地中海通向大西洋的直布羅陀海峽處，總畫著希臘神話中的巨人安泰俄斯，左手舉起的警示牌寫著：「到此止步，勿再前進！」當時的人都很相信，船到大西洋就會隨同海水一起跌進無底深淵。在西元前 1 世紀，有個叫做波斯頓尼亞的人，壯著膽特地把船開到西班牙附近的海域，想聽聽太陽落入大西洋時是否有嘶嘶聲，他想像，那應該就像一顆燒紅的鐵球跌進水裡時常有的那種響聲。

圖 1.8　地像方形棋盤

圖 1.9
古巴比倫人用泥土燒製的地圖的殘片

古羅馬時代盛行「地環說」，那是因為羅馬帝國的疆土主要是環繞地中海而展開的（見圖 1.10）。地中海的本義，原是「大地中央的海洋」之意。古羅馬人由此認為，大地的四周和中央都是水，陸地的形狀就像羅馬皇帝腰上繫著的那條闊邊金環帶。

「您首先擁抱了我！」

西元前 6 世紀，古希臘的畢達哥拉斯學派最早提出西方的「地圓說」猜測。他們常常結伴登上高山觀察日出日落，在曙光和暮色之中，發現進出港的遠方航船，船桅和船身不是同時出現或隱沒。而且，古希臘人崇尚美學原則，許多學者認為既然地球是宇宙中心，那它的形狀一定是宇宙中最完美的立體圖

形 —— 圓球體。200 多年後，大學者亞里斯多德從邏輯上更為自洽地論證了「地圓說」。他注意到月食時大地投射到月亮上的影子是圓的（見圖 1.11），由此推測大地是球體。

圖 1.10　羅馬帝國的疆土是環繞地中海的，像一條「闊邊金環帶」。地中海「名副其實」地成了羅馬帝國的內海

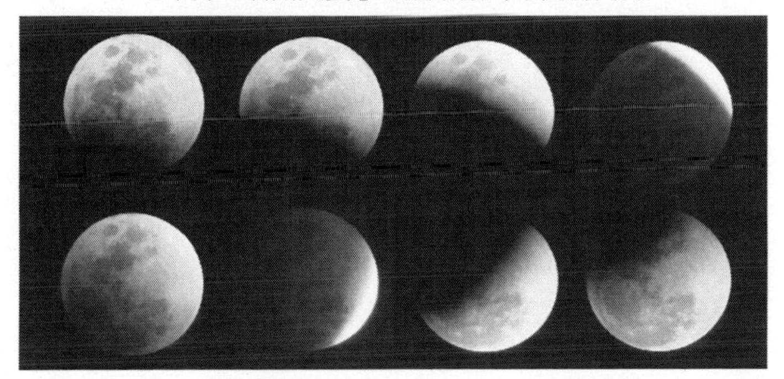

圖 1.11　隨著月食的過程，地球投到月球表面的影子逐漸形成一個圓

春秋戰國時期，中國也已出現「地圓說」的思想。詭辯學派的代表人物惠施，就提出過「南方有窮而無窮」的命題。別人問他大地中央在哪裡？回答是：「在北方燕山的北面，南方越南的南面。」顯然已有球形大地的想法。而「南轅北轍」的典故（見圖 1.12），與其說它具有走錯方向的貶義，也可能是某個「高人」在駕著馬車繞地球一圈，嘗試證明地球是圓的。

圖 1.12　古人為我們講述了「南轅北轍」的故事

在古代就已精確測量出地球實際大小的人，是希臘時代亞歷山大里亞城的埃拉托斯特尼。他推算出地球圓周長 39,600 公里，跟現代測量數值僅差 400 公里，真讓現代人驚嘆不已！他的方法既簡單又巧妙。他發現，在錫恩（今埃及亞斯文）的夏至那天正午，太陽正臨頭頂，陽光直射井底。與此同時，在它的正北方 920 公里外的亞歷山大港，立地的長棒與太陽照射方向成 7.2°角（見圖 1.13）。他認為太陽很遠，光線可以看成是平行的。經簡單的幾何運算，便得到地球半徑和周長等數值。

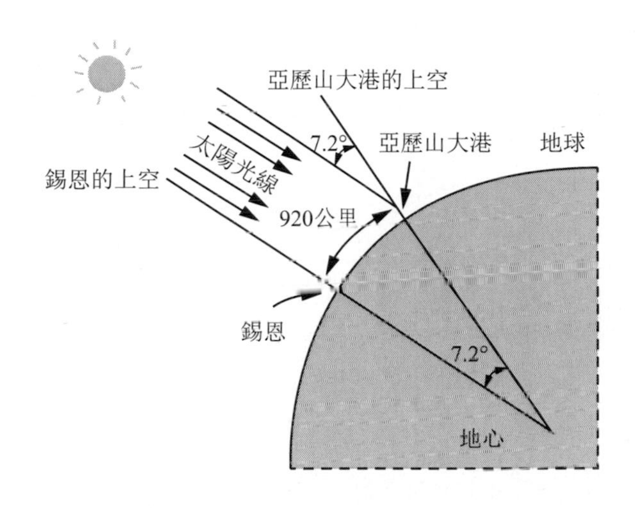

圖 1.13 圖中的兩個角是相等的，
所以地球半徑和周長等數值可按比例計算得到

地圓說大大超出常人的想像力，因此長期以來難以流行。直至 21 世紀的今日，即使在科技最發達的美國，仍然有人不相信地圓說（比如，著名的 NBA 球星，目前效力於布魯克林籃網隊的歐文），很多年前就成立的「地平說篤信者協會」，現在仍有會員 100 多人。在中世紀的歐洲，因為地圓說跟聖經教義相悖，更受到教會激烈的反對和鎮壓。有個神父氣憤地說：「難道真有這樣的瘋子嗎？他們竟會認為有頭朝下腳向上走路的人，花草樹木向下生長，而雨水冰雹卻向上降落？」（見圖 1.14）但真理是絕不會向強權屈服的。15 世紀以來，由於歐洲市場經濟發展的迫切需要，以中國發明的指南針西傳為契機，

圖 1.14　「頭朝下」的小朋友們似乎也生活得很愉快

開始了地理大發現的時代。「地圓說」使航海探險家們相信，由歐洲往西航行可以縮短到達中國、日本和印度的航線，同時，他們的實踐最終證實了「地圓說」的真實性。

1492 年 8 月初，義大利航海家哥倫布 (Cristoforo Colombo) 受西班牙國王之命，率船 3 艘，從巴羅斯港出發，西渡大西洋，為的是到印度去尋找香料和黃金，結果「種豆得瓜」，無意之中來到了美洲新大陸。但他至死還以為自己登陸的地方就是印度東海岸，因此把那裡的土著居民稱為「印第安人」。由此可見哥倫布對「地圓說」觀念的執著程度。1519 年 9 月，葡萄牙航海家麥哲倫 (Ferdinand Magellan) 在西班牙國王資助下，率領 5 艘大船和 265 個海員，從西班牙桑路卡爾港出發向西尋找東方的香料群島。船隊歷盡艱難險阻，麥哲倫本人也死在途中。1522 年 9 月 7 日遠征隊回到西班牙塞維利亞港時，僅剩「維多利亞號」上 18 名疲憊不堪的海員了。麥哲倫船隊首次環球航行成功，最終結束了幾千年來關於大地形狀的種種爭議。西班牙國王獎給凱旋的遠航勇士們一個精美的地球儀 (見圖 1.15)，上面鐫刻著一行意味深長的題詞：「您首先擁抱了我！」

西瓜、香瓜還是橘子？

16 世紀法蘭西國王的御醫、地理學家斐納曾這樣評價偉大的地理大發現：我們時代的航海家，給了我們一個新的地球。這是人類認識大地形狀的一大步。但問題又來了：地球是個什麼樣的球體呢？

恰好，這一期間發生了奇怪的「擺鐘事件」和「青魚懸案」，鬧得歐洲沸沸揚揚。

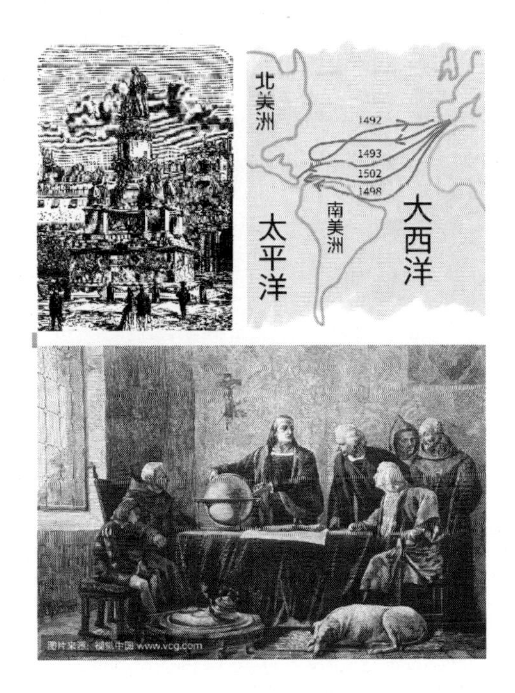

圖 1.15 位於巴塞隆納的「哥倫布」廣場、哥倫布四次航海的路線圖以及西班牙國王的「精美地球儀」

1672 年，巴黎科學院派遣天文學家里希爾赴南美洲法屬圭亞那首府卡宴（西經 52.5°，北緯 5°）進行天文觀測。他在那裡發現，隨身攜帶的一架本應很精確的擺鐘比在巴黎時每晝夜慢 2 分 28 秒，於是調整了擺的長度。想不到回巴黎後，又快了 2 分 28 秒。他推測，這種奇怪現象很可能是由於地球並非是一個標準圓球體而產生的。但是那些不敢正視事實的「權威」們，反而攻擊里希爾「違背科學」，甚至把他趕出了巴黎科學院。

一波未平一波又起。一艘滿載 5 千噸青魚的荷蘭漁船，經半個多月的航行，從鹿特丹來到非洲赤道附近的一個城市。在貨物過磅時，竟發現有 19 噸青魚不翼而飛。這條船在航行中從未靠過岸，而且包裝和件數都原封不動，顯然不是失竊所為。「難道魚游回了大海？」船長百思不得其解。原來，這也是地球開的玩笑。

但是，正當法國人把里希爾視為「科學垃圾」清除之際，有兩個人卻在「垃圾」中發現了黃金的閃光，那就是英國的牛頓和荷蘭著名天文學家惠更斯（Christiaan Huygens）。他們不謀而合地指出，這一發現證實了他們原先的猜測：地球在自轉慣性離心力作用下，應該是兩極稍扁、赤道略鼓的橢球體。尤其是牛頓，深知進一步搞清地球形狀和大小的重要性。由於牛頓早期採用的地球半徑測定值比實際值小了 3%，結果引力計算值比實測值大 1/6，這成了牛頓萬有引力假說擱淺了整整 20

年後發表的重要原因。1668 ～ 1670 年，法國天文學家皮卡德創新大地測量方法，採用帶測微器的望遠鏡和象限儀在巴黎附近精確測定了地球子午線上 1°弧長。他還指出，地球並非標準球體。牛頓利用皮卡德於 1671 年求得的地球半徑數據完成了引力理論的月 —— 地檢驗，才下定決心公開發表萬有引力理論。

牛頓指出，如果地球不是旋轉體，單純的吸引力會使它成為正球形，但是地球是個旋轉體，每一質點都同時處於向心力和離心力的合力作用下。南極和北極的向心力最大；反之，赤道處離心力最大。這樣，兩極處就受到壓縮而赤道處得以擴張，於是地球形狀就成了扁球體。同時，他在望遠鏡觀測中發現木星和土星都是扁球狀（見圖 1.16），他認為地球也不例外。

圖 1.16 旋轉中的木星和土星都是扁球體

牛頓扁球說在法國掀起了軒然大波。巴黎科學院有一群人原本就堅決反對牛頓引力理論，現在又激烈攻擊他主張的扁球說。1683 ～ 1716 年間，巴黎天文臺臺長卡西尼父子在法國南部佩皮尼昂和北部敦克爾克做了兩次很粗糙的地球子午線測量，就斷言「地球順著旋轉軸伸長」。他說：「地球形狀並不像橘子，倒很像香瓜。（見圖 1.17）」

圖 1.17　橘子說：「偉大的牛頓說了，地球像我！」
香瓜說：「不對，其他人測量過，地球像我。」

這場「英國橘子」和「法國香瓜」的激烈論戰從 17 世紀開始，差不多延續了半個多世紀。為裁決爭端，法國國王路易十五授權巴黎科學院派出兩支遠征隊，分赴赤道和北極地區，以便在相距甚遠的兩個地點測量和比較地球子午線上 1°的弧長。

1735 年，由布赫格和拉康達明率領的一隊遠涉重洋，到達南美的祕魯和厄瓜多爾的安地斯山地區（南緯 1° 31′）。第二年，由著名數學家莫泊丟和克萊羅率隊赴芬蘭與瑞典北部的拉普蘭平原（北緯 66° 20′），2 年後測得當地子午線 1°之長為 57,422「督亞士」（Toise，法國古尺；約 111,918 公尺）。往南的遠征隊由於碰上當地內戰等種種阻撓，歷盡 10 年艱辛，最後測得當地子午線 1°之長為 56,748「督亞士」（約 110,604 公尺）。比較兩地觀測數據後表明，牛頓的推測是正確的。莫泊丟本來懷疑牛頓的見解，現在也完全信服了。於是「橘子派」大獲全勝。大哲學家伏爾泰當時評論說，這兩個遠征隊用最雄辯的事實，終於把（地球）兩極和（兩個）卡西尼都一起壓下去了。

梨子和橘子到底哪個更「甜」

牛頓從地球內部物質均勻分布的假設來簡化處理地球形狀，得到的是理想化的標準模型。真實的地球形狀是怎樣的呢？

1743 年，「橘子派」的克萊羅 (Alexis Claude Clairault) 發表經典著作《關於地球形狀的理論》，他假設：地球內部物質因分層而不均勻，其密度由地表向中心逐漸增大。雖然他計算得到的地球在海平面的形狀跟牛頓扁球模型基本相同，僅差 200 多英呎（約 60.95 公尺），卻開創了地球形狀認識史的數學研究新階段。1828 年，德國大數學家高斯 (Carl Friedrich Gauss) 在總結哥廷根和阿里頓兩個天文臺的緯度差測定時，又開始懷疑扁球體不能表示地球真實形狀。但是（由於觀測技術的原因）這在當時仍是難以解答的科學問題。

20 世紀以前對地球形狀和大小的研究，主要是繪製地圖和航海的迫切需要推動的，對牛頓扁球體標準模型的誤差尚能容忍。但是，大致從 20 世紀開始，更精確測定地球形狀，對於諸多領域如地球內部物質結構研究、重力場研究，特別是對空間技術和軍事上遠程導彈軌道的研究越來越重要，亟待進一步完善和發展。

20 世紀初，開始了大規模海洋重力測定的研究。而在此以前，地球形狀學研究主要採用傳統的天文 —— 大地測量、陸地重力加速度測量和月球 —— 地球動力學測量。1901 年，德國的赫爾默特首創海上重力測定。荷蘭的梅內斯 1923 ～ 1934 年間率領遠征隊乘潛艇在各大洋游弋，測定了近千個點的重力值，奠定了現代海洋重力學基礎。

1957 年人造衛星上天以後，認識地球的方式發生了全新的變化。借助衛星和全球衛星定位系統，開創了精確觀測地球的新時代。勘測發現世界大洋表面確非球面形狀，隆起和凹陷的落差近 200 公尺，幾乎是尼加拉大瀑布的 4 倍。目前探明至少存在 3 塊較大隆起的區域：澳洲東北的太平洋水面，隆起區高 76 公尺；北大西洋的南伊斯蘭附近隆起 68 公尺；非洲大陸東南洋面高出 48 公尺。有趣的是，相對應的洋面凹陷區域也有 3 塊，它們是：印度半島以南洋面，凹陷深達 112 公尺；加勒比海地區陷進約 64 公尺；加利福尼亞以西洋面下降 56 公尺（見圖 1.18）。而且，這些地區的面積直徑都在 3,000 ～ 5,000 公里。

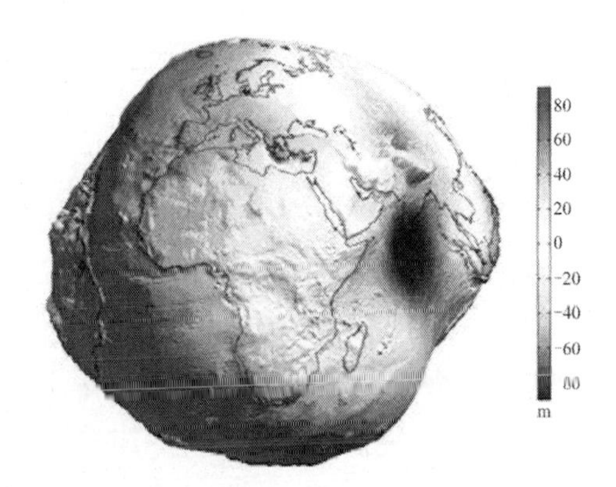

圖 1.18　地球不是圓的！請容許我們誇張一點表示地球三大降起和凹陷的地方，那地球看上去還真的有點「醜」，更別說是圓的了。不過，這只是出於對精確測量的需求。對於我們一般大眾來說，地球當然是圓的！

1975 年 9 月，第 18 屆國際大地測量學和地球物理學聯合會透過決議，向國際社會鄭重介紹大地測量常數元素值。其中有：地球赤道半徑 (6,378,140±5) 公尺；極半徑 (6,356,755±5) 公尺；扁平率的倒數 (298,275±1.5) $\times 10^{-3}$。

從人造地球衛星資料中發現，地球赤道橫截面也不是正圓，而是卵圓形，它的長半徑和短半徑相差 427 公尺，在西經 15°處最寬。科學界據此認定：地球是經線圈和赤道圈都為橢圓面的三軸橢球體。

1980 年代以來，又發現「橢球說」並不全然正確。分析人造地球衛星軌道數據後發現，南北半球實際上是不對稱的，相對而言，北半球尖且小，南半球底部凹而大。與標準橢球體表面形狀相比，南極大陸水準面比基準面凹進 24 ～ 30 公尺；而北極大地又高出基準面 14 ～ 19 公尺。其他部位也有這種差異。從赤道到南緯 60°之間是隆出，而從赤道到北緯 45°之間是凹進。也就是說，整個地球形狀像一只正放的梨。

地球是只變化的梨子，大小形狀都在變

「梨子模型」的建立沒有終結人類的探索，這不僅因為模型只是對原型的模擬，更由於地球本身是永恆變化的。現在觀測到的總趨勢是：南半球膨脹，北半球收縮。近年來，相關單位發現，北半球的緯度圈每年縮小不到 1 公分，南半球緯度圈每年擴大 1 公分多。1 公分長短的變化很小，但若長久累積下來，也就不容小覷了。

以資訊高速公路網和國家資訊基礎建設為依託，1998 年 2 月在美國出現了「數位地球」（見圖 1.19）的概念。1999 年 11 月 29 日至 12 月 2 日，來自 25 個國家和地區的 400 多名中外科學家召開了首次數位地球國際會議。數位地球是對真實地球及其相關現象統一性的數位化表示，其核心思想：一是用數位手段重現大量地球數據的、高解析度的、三維的和動態的地球；二是最大限度地利用地球資訊資源。

圖 1.19　數位地球

目前，人類已積累了有關地球表面的大量原始數據和相應資料，包括難以計數的各類數位地理基礎圖、專題圖和地籍圖等，已有足夠的條件和能力構建「數位地球」。在不遠的將來，任何人都可以坐在電腦前輕輕點擊滑鼠（或不再用滑鼠），透過軟體身臨其境似地看到（或「觸摸」）地球上任何一個地方的三維圖像，查閱詳細的數據。

三維測繪數據將用於軍事和民用。在非軍事領域，可以用來觀測地震斷層，對潛在的熔岩流、山崩和水災進行模擬，規劃橋梁、大壩和管道的建設，改進航線規劃、導航以及行動通信基地臺的布局等，甚至還可以幫助那些徒步旅行的背包客。

但是，數位地球的建構並不意味著人類將一勞永逸地終結對地球的認識，而是要不斷追蹤和記錄地球變化的動態。目前科學家們認為，引起地球形狀變化的主要因素有很多。第一，每年沉降於地表的宇宙塵埃在 1 萬～ 10 萬噸。英國天體物理學家埃吉德估計，地球半徑從地質時期開始以每年 0.5 毫米的速率遞增，而地表的水面積正在減少。第二，已知地球自轉速度有 3 種變化：長期減慢、不規則變化和週期變化。地球自轉速度每 10 萬年大約減慢 2 秒，長期減慢使扁率趨於變小。第三，地球內部熔融態物質的不斷運移，是其形貌改觀的內在動因。現代板塊構造學說認為，地球內部地幔物質對流會導致岩石圈大規模水平移動，產生大陸漂移和海洋擴展。第四，太陽和月球的引潮力作用不僅造成江湖河海漲落的潮汐，還會引起「陸潮」，使地表出現幾公分的上下波動。第五，人類修理地球、改造自然的種種實踐活動，也給地球形狀變化打上了「人化」的印記。美國著名科普作家艾西莫夫（Isaac Asimov）說：從宇宙空間觀看地球時，它不像個梨，也不像個雞蛋，而像一個很圓的球。最好還是把它說成是一個不規則的球體。

我們腳下的地球，它的實際形狀不規則的原因、變化趨勢和影響因素，仍然是有待人類深入探索的自然之謎。

二、人類一切的泉源 —— 太陽

太陽就是日（見圖 1.20），據說上古時代，有個叫后羿的人能把它射下來。

圖 1.20　我們的太陽

它其實是個由氫和氦組成的星球；它是很熱的，表面 6,000 多攝氏度，內核溫度更高；它每隔 11 年就會爆發太陽黑子，還有日珥之類的，它會吹太陽風，還會不定期地爆發閃焰；另外，它還能活 50 億年左右。

神話太陽

中國傳統神話中的太陽神有六位，他們分別是：羲和、炎帝神農氏、日主、東皇太一、東君、太陽星君。除此之外，太陽還有眾多的別稱：白駒、金虎、赤烏、陽烏、金烏、金輪、赤日、素日、火輪等。

原始人類關注最多的兩大主題就是生與死。生是一種永恆的渴望；而關注死，是希望再生。因此古代先民們對具有長生不死以及死而復生能力的萬物非常崇拜。太陽每天清晨從東方升起（重生），帶給自然光明和溫暖；傍晚從西邊落下（死亡），帶給自然黑暗與死寂；具有死而復生的能力，帶給萬物生機。同時先民的農耕生產，特別是稻作生產對陽光的需求和依賴，希望太陽多給人們一些光和熱，讓人們有吃有穿、身體健康。先民們就自然而然地對「生生之謂易」的太陽產生了敬畏的心理，而萌發了崇拜太陽的思想。古人崇拜太陽，必然要仔細觀察太陽，研究太陽的運動。而陰陽二字就是對太陽運動（生與死）的形象白描。白天，太陽升起（生），光芒四射屬陽字表述的意蘊，自然界呈現一派生機與活力。黑夜，太陽落山（死），光芒被遮屬陰字表述的意蘊，自然界呈現一派死寂與蕭條。於是自然而然地就形成了自然界萬事萬物就是在太陽的生與死即陽與陰的變化中而變化著的，自然而然地太陽就上升到宇宙主宰之神的地位。

和中國一樣，幾乎世界上的各個民族都將太陽尊崇為神。聞名於世的埃及吉薩金字塔，每當春分這一天，它們的一個底邊剛好指向太陽升起的地方。太陽享受的尊敬不僅來自古埃及人，太陽神阿波羅的大名直到今天還被用到太空船的命名上。

希臘神話裡的赫利烏斯，是駕著太陽馬車的太陽神，他是太陽的化身和擬人化。他每天駕駛著四匹火馬拉的太陽馬車劃過天空（見圖1.21），為世界帶來光明。阿波羅則是光明之神。

圖 1.21　駕著馬車馳騁天空為人類帶來光明的太陽神赫利烏斯

兩河流域的蘇美爾，是世界上最早的文明起源的地方，他們的太陽神是烏圖。拉（Ra）則是埃及神話中的太陽神，也是古埃及最著名的太陽神，中王國和新王國時代握有絕對的權威。

多少世紀過去了，很少有自然現象能像遮擋了太陽的日食那樣引起人們既恐懼又崇敬的心理。古時，中國人每逢日食便燃放爆竹、敲打銅鑼，恐嚇驅趕吞吃太陽的妖精。在馬克·吐溫（Mark Twain）的筆下，日食卻救了一個叫康涅狄格的美國佬。那個人知道要發生日全食，於是趁太陽消失之際，從亞瑟王的騎士手中逃了出來，逃脫了被燒死在火刑柱上的厄運。

感知太陽

太陽像一個熾熱的大火球，光耀炫目。它每時每刻都在輻射出巨大的能量，為我們的地球帶來光和熱。而且太陽已經這樣輝煌地閃耀了幾十億年！

很早以前，人們就在思索：太陽所發出的巨大能量是怎麼來的呢？顯然，不可能是一般的燃燒。因為即使太陽完全是由氧和質量最好的煤組成的，那也只能維持燃燒 2,500 年。而太陽的年齡要長得多，是以數十億年來計算的。

19 世紀，有些科學家還認為太陽會發光，是隕石落在太陽上所產生的熱量、化學反應、放射性元素的蛻變等引起的，但所有這些都不能解釋太陽長期以來所發出的巨大能量。

1938 年，人們發現了原子核反應，終於解開了太陽能源之謎。太陽所發出的驚人的能量，實際上是來自原子核的內部。原來太陽含有極為豐富的氫元素，在太陽中心的高溫（1,550 萬度）、高壓條件下，這些氫原子核互相作用，結合形成氦原子核，同時釋放出大量的光和熱。因此，在太陽上所發生的並不是一般人所想像的燃燒過程。太陽內部進行著的氫轉變為氦的熱核反應，是太陽巨大能量的泉源。這種熱核反應所消耗的氫，在太陽上極為豐富。太陽上貯藏的氫至少還可以供給太陽繼續像現在這樣輝煌地閃耀 50 億年，持續發射出它那巨量的光和熱來！

感知太陽，是一個實際而艱辛的過程。太陽的光、熱和運動是我們能直接觀測到的太陽最明顯的三個方面。關於運動，我們在談論年、月、日時，已經把對太陽運動的感知付諸我們的日常生活中。偉大的克卜勒和牛頓，也將太陽的運動理論歸納為克卜勒行星三定律和萬有引力定律。我們進一步需要了解的就是：太陽來自哪裡？又將去往何處？為什麼熱核反應能支持太陽這麼多年的發光、發熱？

現在我們知道，太陽有誕生、成長和死亡等過程。而且，透過對這些過程的學習和研究，讓我們認識到了太陽的巨大！它距離我們 150,000,000 公里；它的質量約為 1,990,000,000,000,000,000,000,000,000,000 公斤；表面溫度 5,800 度；核心溫度約為 15,500,000 度，輸出功率約為 40,000,000,000,000,000,000,000,000 千瓦。好吧，你現在體驗到什麼叫做「天文數字」了吧！處理它們我們一般是使用科學式計數，或者是使用特殊單位。比如，地球到太陽的距離可以表示為 1.5×10^{8} 公里，這樣就表達了 15 後面的 7 個「0」；太陽的質量就是 1.99×10^{30} 公斤；輸出功率為 4×10^{28} 瓦特。天文學中，也把日地距離稱為一個天文單位 AU（Astronomical Unit），$1AU=1.5\times10^{8}$ 公里。比它更大的單位還有光年，再大還有秒差距，它是「視差法」測量天體距離時使用的單位，1 秒差距 =3.26 光年。

得到了 AU 的數值，我們就可以透過測量太陽的角直徑得到太陽的大小；同樣的道理，我們可以透過測量太陽光照射到地球上 1 平方公尺的面積上的功率來得到太陽的總輸出功率。再透過計算，我們就可以得到太陽的表面溫度。至於太陽的質量，我們可以依據牛頓的萬有引力公式計算得到。

我們還需知道太陽的物質組成。探測太陽的物質構成是透過對太陽的光譜進行光譜分析而完成的。結果是：太陽最主要的成分是氫和氦，其中氫約占太陽質量的 74%，氦約占 25% 弱，其他的元素占了最後的 1% 強。

太陽能量產生的過程包含了一系列的核反應過程。總體效果是 4 個氫原子聚變合成為一個氦原子，多出來的一點點質量以能量的形式（發光、發熱）輻射出去。這樣的反應只能是發生在太陽的核心區，因為只有那裡才具備完成核融合所需要的幾百萬度的高溫。

你可能會問，這樣的過程，天文學家是怎麼知道的呢？答案是來源於觀測和太陽的理論模型。太陽模型是關於太陽結構的詳細理論。在太陽模型中，將太陽看作是一系列由核心到表面分布的同心薄球層組成的，每個薄球層都有相應的溫度、密度和壓力。為了使得理論模型和實際的觀測結果相吻合，太陽模型需要滿足一系列的限制條件，也就是達到一系列的平衡條件。最主要的有 4 個方面：

- 流體靜力學平衡：每層物質所受向外的壓力必須和向內的引力平衡。

· 能量輸運：就每層物質而言，其自身產生的能量加上進入該層的能量必須等於從這層物質發出的能量。換句話說，從太陽每個薄球層發出的能量必須等於進入該層物質的能量加上該層物質自身產生的能量，也就是說，能量不能「停留」。
· 核融合反應：太陽核心進行的核融合反應必須以和實驗室測量到的相同的速度進行，因為他們必須是相同的反應。
· 太陽模型必須給出正確的太陽質量、光度（發光強度）和表面溫度值。因為這些都是已知的確定值。

在確立太陽的能量來源於核融合之前，科學家們也做過很多的實驗。最著名的就是「克赫歷程」測定實驗。假定有一個質量和太陽相同的、瀰漫分布的氣體雲（在宇宙中很多），塌縮到和太陽一樣大，並且密度均勻，那麼，這個過程中，每公斤物質釋放的總能量大約是天然氣釋放熱量的 1,000 倍。這個過程中釋放的總能量足夠太陽發光 1,000 萬年。這個時標顯然比太陽燃燒傳統燃料的時標要長得多。然而，地質學和進化學都告訴我們，這，還遠遠不夠！點燃核融合「火花」的是英國的天文學家愛丁頓 (Sir Arthur Eddington)，他在 1920 年代首次提出，太陽的能量來自於核融合反應。人們還應該能記得，也是他成功測量到了太陽周圍的光線發生彎曲，從而證明了愛因斯坦的廣義相對論。1938 年美國物理學家貝特 (Hans Bethe) 徹底解釋了核融合的發生過程，成為了核物理領域的先驅，也獲得了 1967 年的諾貝爾物理學獎。

真實太陽

太陽是位於太陽系中心的恆星，它幾乎是熱電漿與磁場交織著的一個理想球體。其直徑大約是 1,392,000 公里，相當於地球直徑的 109 倍；質量大約是 1.99×10^{30} 公斤（是地球質量的 330,000 倍），約占太陽系總質量的 99.865%。從化學組成來看，太陽質量的大約四分之三是氫，剩下的幾乎都是氦，包括氧、碳、氖、鐵和其他的重元素質量少於 2%。

太陽的恆星光譜分類為 G 型主序星（G2V）。（G2V）表示太陽的光譜分類類型，標示中的 G2 表示其表面溫度大約是 5,778K；V 則表示太陽像其他大多數的恆星一樣，是一顆主序星，它的能量來自於氫聚變成氦的核融合反應。太陽本身的色彩是白色的，但因為其在可見光的頻譜中黃綠色的部分最為強烈，從地球表面觀看時，大氣層的散射使天空成為藍色，所以透過大氣後的太陽呈現黃色，因而被非正式地稱為「黃矮星」（黃是我們看上去的太陽顏色，矮星是說在恆星序列裡太陽屬於中等偏小的）。太陽的核心每秒鐘燃燒 6 億 2,000 萬噸的氫（見圖 1.22）。

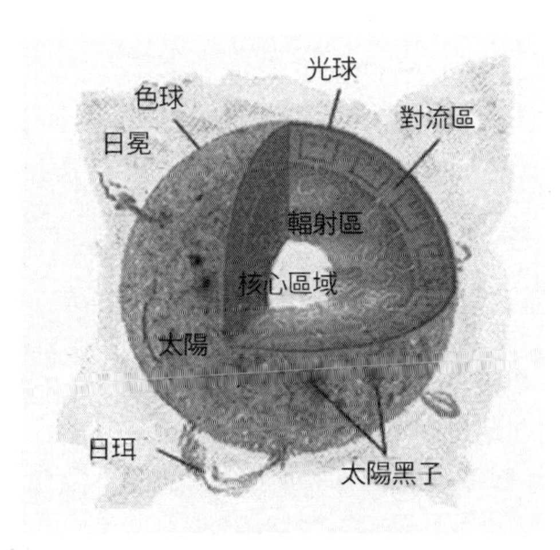

圖 1.22　太陽

太陽一度被天文學家認為是一顆微小平凡的恆星，但因為銀河系內大部分的恆星都是紅矮星，所以，現在認為太陽比 85% 的恆星都要明亮。太陽的絕對星等是 +4.83，但是由於其非常靠近地球，因此從地球上來看，它是天空中最亮的天體，視星等達到 -26.74。太陽高溫的日冕持續向太空中「吹送」能量，產生的太陽風可延伸到 100 天文單位遠的太陽層頂。這個太陽風形成的「氣泡」稱為太陽圈，是太陽系中最大的連續結構（見圖 1.6）。

太陽目前正在穿越銀河系內部邊緣獵戶臂的本地泡區中的本星際雲。在距離地球 17 光年的距離內有 50 個最鄰近的恆星系（最接近的一個是一顆紅矮星，被稱為半人馬座的比鄰星，距太陽大約 4.2 光年），太陽的質量在這些恆星中排在第四。太陽在距離銀河中心 24 ,000 ～ 26,000 光年的距離上繞著銀河系中心（那裡是一個巨大的黑洞）公轉，從銀河北極鳥瞰，太陽沿順時針軌道運行，2 億 2,500 萬～ 2 億 5,000 萬年繞行一週。由於銀河系在宇宙微波背景輻射（CMB）中以 550 公里／秒的速度朝向長蛇座的方向運動，這兩個速度合成之後，太陽相對於 CMB 的速度是 370 公里／秒，朝向巨爵座或獅子座的方向運動。

地球圍繞太陽公轉的軌道是橢圓形的，每年 1 月離太陽最近（稱為近日點），7 月最遠（稱為遠日點），平均距離是 1 億 4,960 萬公里。以平均距離算，光從太陽到地球大約需要經過 8 分 19 秒。

太陽表面又叫光球層，那裡的溫度較低，只有 5,500 度。太陽釋放出的能量會造成太陽上的風暴，能量的一部分被高速粒子帶到太空之中。當風暴吹向地球的時候，地球磁場由於受到它們的干擾而變成淚球的形狀。來自太陽表面的能量還以可見光、紫外線和 X 射線的形式向地球輻射，它們的力量足以穿透地球的大氣層，其功率竟高達 100 萬千瓦！也就是說，地球上每平方公尺都受到 1.35 千瓦來自太陽的輻射（見圖 1.23），天文學中這個數字叫做太陽常數。

圖 1.23 太陽風對人類的影響很大，看看我手裡的東西，
不是都需要太陽（風）嗎？

有了太陽能，植物賴以生長的光合作用才能進行；也正是這種太陽能儲存在已經變成礦物燃料的古生物中，為我們提供了煤和石油。陽光給地球送來了熱量，促使大氣循環、海水蒸發，形成雲和雨。在大氣層中，太陽能撞擊 2 個氧原子，使它們變成由 3 個氧原子組成的臭氧分子。臭氧層擋住了來自太陽的大部分紫外線，那一小部分透過臭氧層的紫外線，雖能使喜愛健美外表的人曬得黝黑，但若照射的時間過長，卻會誘發皮膚癌。陽光是地球最可靠的熱源，35 億年以來，它使地球溫度的變化範圍很小，這對維持生命的存在是十分必要的，因為來自太陽的能量無論變多了還是變少了，都會對我們居住的行星產生深刻的影響。

太陽的活動，如熱核反應等，直接影響著地球的氣候。而依靠太陽生存的古老地球，在 50 億年以後將會隨著太陽上大部分物質被耗盡和被稀釋到極限而消失。根據太陽的顏色和發出的光，人們可以估計出太陽的溫度。目前已知的太陽內部溫度高達 1,550 萬度，其內核密度為每立方公分 150 克，幾乎是鉑密度的 8 倍。

太陽輻射是呈週期性的。在某一個週期開始的時候，太陽相對「平靜」，這時太陽磁場明顯地出現偶極性，這種偶極性與地球磁場極性相似，但磁強度比地磁強得多。太陽黑子活動（與太陽磁場相關）有週期性增多的現象，週期長度為 11 年。

黑子比它周圍的溫度低 2,000 度，所以，在明亮的太陽上看起來就像一個汙點或一塊黑斑。有時候，黑子或它的旁邊也會出現極明亮的斑點，就像草原野火一樣，很快就籠罩了幾十萬平方公里的面積。這就是不常見的太陽閃焰，它的溫度高達 2,000 萬度，所以顯得特別耀眼。閃焰是發生在黑子區域的大霹靂，它把光和熱以及幾十億噸物質射入太空。

黑子和閃焰是太陽表現不安分的信號，預示太陽活動高峰即將來臨。閃焰發生會使得大量的 X 射線和紫外線以光速光臨地球大氣層；然後是高能質子開始到達；最後是低能質子和電子也輻射到地球。對地球來說，閃焰效應是具有破壞性的。短波無線電訊號會被干擾，衛星通訊無法正常進行。閃焰在大氣層產生強有力的瞬變磁場，在廣播線和電力傳輸線中誘發瞬間電流。

北極光，就是太陽閃焰的一個傑作。閃焰噴射的高能電子來到大氣層後，在地球磁場的作用下偏離了原來的方向。因為磁力線對南北兩極的保護作用很小，所以電子聚向這兩個地區的上空。和人類設計的霓虹燈原理類似，電子撞擊氧原子，使它們發出紅光和綠光。

除了黑子和閃焰，太陽上白熱化的氣體還能形成巨大的環，射向幾萬公里的空中。這就是日珥，也就是太陽戴的「耳環」。日珥現象有時可以持續幾個月不消失（見圖 1.24）。在日全食的時候，還可以觀察到日冕。由幾十億噸白熱體組成的日冕偶爾也能脫離太陽的控制，以每小時 320 萬公里的速度飛向太空。

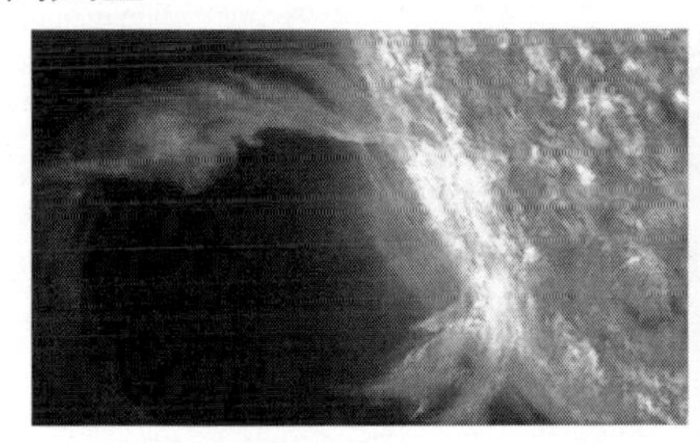

圖 1.24　巨大的日珥就像是太陽表面颳起的龍捲風

在太陽活動高峰期，地球大氣層受到大量來自太陽的粒子的衝擊。它們以 100 萬安培的電流強度強行突破大氣層，產生的強磁場給地球居民帶來了麻煩和災難。

當太陽上的氫消耗得所剩無幾之時，它將膨脹成一個巨大無比的紅色「氣球」（紅巨星）。脹出的部分將會吞沒水星或許還有金星，即使地球還不至於被火葬，強烈的熱輻射也足以使地球上的海洋沸騰蒸乾，地球上將不復有生命存在。不過，這場宇宙大劫難在 50 億年內並不會發生，這就給了我們足夠的時間揭開離我們最近的恆星的奧祕，尋找拯救地球的諾亞方舟了。

三、追尋「流浪者」的腳步

在一次天文學講座中，一個女孩舉手站起來向我提問：「老師，金星上都是金子嗎？水星靠太陽那麼近，水星上真的有很多水嗎？」實際上，這涉及金、木、水、火、土五大行星的命名，這一工作是寫《史記》的司馬遷做的，基本原理是按照星相學中的「五行（金木水火土）」配「五（大行）星」而來的；而大行星在希臘人眼裡被視為「流浪者」，它們的命名都是來自希臘神話。

五大行星的發現

在人類認識宇宙的歷程中，數個世紀以來對那些行星——恆星背景上的漫步者——的發現和研究是很精彩的故事，也是人類認識宇宙的起點。

在太陽系已被確定的八大行星中，有五個是可以用肉眼看見的。由於它們的「流浪」，所以，古人們很早就注意和研究了它們。但是，關於水金火木土的「發現權」問題，似乎很少有人提及，也沒有什麼定論，因為人類早年的天文學典籍早已遺失殆盡。最早的天文學的起源順序為：古埃及、古印度、中國、古巴比倫。中國還有現存文獻，其他三國的早已毀於戰亂。

據壁畫記載，早在西元前 27 世紀，古埃及人就已經掌握了精密的觀星技術，但他們是否發現了上述的五大行星，則無從考證。

古印度的天文學在觀測方面，並不十分發達，沒有發現五大行星的記載，他們主要是曆法方面的成就。

中國的史書上說，西元前 24 世紀堯時代的天文官員羲和發現了「熒」（火星），這是中國人在太陽系中發現的第二顆行星（第一顆是腳下的地球）。之後的不久，歷朝歷代的天文官員們便相繼發現了（按發現的先後順序排列）木星、金星、土星、水星。

古巴比倫的天文學始於西元前 19 世紀，發展極為迅速。他們很快就發現了五顆「遊星」，即中國的金木水火土五大行星。至於他們對五大行星的稱呼，從古巴比倫人發明的「星期」中可略見一斑。據說，西元前 7 至 6 世紀，巴比倫人便有了星期制。他們把一個月分為 4 周，每週有 7 天，即一個星期。古巴比倫人建造七星壇祭祀星神。七星壇分 7 層，每層有一個星神，從上到下依此為日、月、火、水、木、金、土 7 個神。7 神每週各主管一天，因此每天祭祀一個神，每天都以一個神來命名：太陽神沙馬什主管星期日，稱日曜日；月神辛主管星期一，稱月曜日；火星神內爾伽勒主管星期二，稱火曜日；水星神納布主管星期三，稱水曜日；木星神馬爾杜克主管星期四，稱木曜日；金星神伊絲塔主管星期五，稱金曜日；土星神尼努爾塔主管星期六，稱土曜日。感覺類似於我們國家的「五行」或「七曜」。

金木水火土「五行」配「五星」

古代的天空最明顯的就是「七曜」，其中的太陽、月亮我們前面已經做了說明，另外的「五曜」就是五大行星了，但是金木水火土的名稱，是人們把它們與「五行」相配的結果。

水星古名「辰星」，「五曜」中的「水曜」。從地球上觀測「水星」時，它一般都出現在太陽的兩側，距太陽的距離總保持在三十度內。這裡的「度」，為中國古代的長度單位，三十度左右為一「辰」，《新唐書 · 志第二十一 · 天文一》中就曾有「十二辰」的說法，所以由運動距離來定「水星」名為「辰星」。

金星古名「太白」，「五曜」中的「金曜」。又名啟明，長庚。出自《詩經 · 小雅 · 谷風之什 · 大東》「東有啟明，西有長庚。」啟明：先太陽而出地平線時的金星。長庚：後太陽而沉入地平線時的金星。

火星古名「熒惑」，「五曜」中的「火曜」。火星名熒惑，自「熒惑逆行」《後漢書 · 志第十二 · 天文中》記載：永康元年正月庚寅，熒惑逆行入太微東門，留太微中百一日出端門，熒惑入太微為賊臣。

木星古名「歲星」，「五曜」中的「木曜」。因「歲」行一「次」而得名。中國古代天文觀測認為「木星」的運行週期是十二年，如果將黃道帶分成十二個部分，每個部分稱為「次」，那麼「木星」每年經過一個「次」，即上面所謂的「歲行一『次』」。中國漢代以後發展形成的「干支紀年法」，其實就源於之前的「歲星紀年法」。

土星古名「鎮星」，「五曜」中的「土曜」。古人測其約二十八年繞天一週。平均每年行經「二十八宿」之一，好像輪流駐紮於「二十八宿」，即稱「歲鎮一宿」，所以稱「土星」為「鎮星」。在占星學中，土星代表老年人。

司馬遷《史記·天官書》中記載：「天有五星，地有五行。」所以將「五行」分別與這五顆星相配，即為沿用至今的水、金、火、木、土的名字。因為這五大行星在天空中均橫向劃過，類似於緯線，所以古合稱「五緯」。「五緯」「五星」也就稱作「五曜」。

「五行」是華夏文明的物質和哲學基礎。關於五行概念的產生，有幾種說法。

1. 五方說，一般認為，五行的概念衍生於殷商時期的「五方」觀念。殷人將商朝的領域稱為「中商」，並以此為基點分辨東西南北四方，從而建立起「五方」觀念。
2. 五材說和六府三事說，春秋時期出現了「五材說」和「六府三事說」。古人在日常的生產和生活實踐中認識到木、火、土、金、水五種自然物質的功用，如《左傳．襄公二十七年》說：「天生五材，民並用之，廢一不可。」五材是人們日常生活和生產中必不可少的水、火、金、木、土五種基本物質，如《尚書．周書．洪範》疏說：「水火者，百姓之所飲食也；金木者，百姓之所興作也；土者，萬物之所滋生，是為人用。」「六府三事說」先見於《尚書》，後見於《左傳》。其具體內容與「五材說」大致一樣，也指水、火、金、木、土五種物質，但另加了「谷」。如《尚書．虞書．大禹謨》說：「水、火、金、木、土、谷，唯修；正德、利用、厚生，唯和。」《左傳．文公七年》說：「水、火、金、木、土、谷，謂之六府；正德、利用、厚生，謂之三事。」以上兩說中的水、火、金、木、土，皆指實體的物質本身，並非為哲學的抽象概念。

3. 五星說，古代先民在生產和生活實踐中，不僅認識到方位風雨對農牧業的影響，而且進一步認識到時間、季節、天體的運行變化對農耕稼穡的作用。在觀察四時氣候的變化和天體運動的規律的基礎上，將天氣的運行分為五個時節，即所謂「天之五行」。如《左傳．昭西元年》說：「分為四時，序為五節。」《管子．五行》說：「作立五行，以正天時，以正人位，人與天調。」《白虎通．五行篇》說：

「言行者，欲言為天行氣之義也。」又說：「四時為時，五行為節。」古人在觀察天體變化的過程中，逐漸發現了水、金、火、木、土五星，因其運動，故日行星。此五星乃八大行星中用肉眼可觀察到的，依次又稱為辰星、太白星、熒惑星、歲星和鎮星。五星在宇宙中的運行有一定規律，並與四時氣候的變化有著密切的聯繫，故稱之為五行。《史記 · 曆書》說：「黃帝考定星曆，建立五行。」《漢書 · 天文志》說：「五星不失行，則年穀豐昌。」由此可見，五行是古人觀星定律的產物，反映了四時氣候變化的規律，是四時氣候特點和生物化學特點的抽象，已不再是具體的五大行星。

4. 五種元素說，隨著觀察的不斷深入，古人逐漸認識到木、火、土、金、水這五種基本物質，不但為人們生活和生產所必需，而且是構成宇宙萬物的基本元素。此五種基本元素自身的運動變化，形成了繽紛多彩的物質世界，如《國語 · 鄭語》說：「以土與金、木、水、火雜，以成百物。」此「元素說」是由五種「自然物質」的概念抽象而來，已是具有哲學意味的概念了。《尚書》始明確提出「五行」一詞。如該書《夏書 · 甘誓》說：「有扈氏威侮五行。」該書《周書 · 洪範》說：「鯀堙洪水，汩陳其五行。」此五行雖可能仍指水、火、木、金、土五種基本物質或元素，但其內涵中已具有「行」，即運動、變化和聯繫的涵義，比「五材說」等有了很大發展，可以說這象徵著五行概念的基本內涵已大致確立。

就天文觀測來說，五行的運行，是以二十八宿舍為區劃，由於它們的軌道距日（黃）道不遠，古人用以紀日。五星一般按木火土金水的順序，相繼出現於北極附近天空，每星各行 72 天，五星合周天 360 度。根據五星出沒的天象而繪製的河圖，也是五行的來源。因在每年的十一月冬至前，水星見於北方，正當冬氣交令，萬物蟄伏，地面上唯有冰雪和水，水行（星）的概念就是這樣形成的。七月夏至後，火星見於南方，正當夏氣交令，地面上一片炎熱，火行（星）的概念就是這樣形成的。三月春分，木星見於東方，正當春氣當令，草木萌芽生長，所謂「春到人間草木知」，木行（星）的概念就是這樣形成的。九月秋分，金星見於西方，古代以多代表兵器，以示秋天殺伐之氣當令，萬物老成凋謝，金行（星）由此而成。五月土星見於中天，表示長夏濕土之氣當令，木火金水皆以此為中點，木火金水引起的四時氣候變化，皆從地面上觀測出來的，土行（星）的概念就是這樣形成的。

「遊星」與希臘的神仙們

相對東方關於「五星」、「五行」的說法，西方國家的「五星」就有點「調皮」了，不過感覺上更有人性。

· 水星，古希臘「信使」荷米斯，相當於羅馬的墨丘利，天生古靈精怪，行動快速。水星靠太陽較近，運動就相對快些（水星的公轉速度是八大行星中最快的）。正因如此，太陽壓倒性的光芒使它難以被人發現。這些物理特性都符合它快腳信使的角色。

· 金星，是除太陽和月亮外天上最耀眼的光輝，最亮時（負 4.4 等）比「全天第一恆星」（指夜空）天狼星（負 1.46 等）還要亮 14 倍。「維納斯」是羅馬人對它的美稱。代指希臘愛與美的化身，女神阿芙蘿黛蒂。

· 火星，中國古稱「熒惑」。「熒惑」=「疑惑」？因為它是一顆「變（化）星」，時順時逆、時暗時亮（正 1.5 至負 2.9 等），位置也不固定。戰神是火星的守護星，希臘神話中的阿瑞斯，羅馬人叫「瑪爾斯」。他是暴力、殘忍、死亡之禍的化身。「一個狂暴的神，天性浮躁邪惡」。火星主殺戮？可能是因為顏色吧（火紅的光芒刺目）。在中國古代，火星主內亂，外敵是天狼星。

· 木星是「行星之王」，這顆巨行星亦比天狼星亮。中國古代木星被用來定歲紀年，稱「歲星」。象徵幸運的木星，在古羅馬被視為至尊的朱比特（希臘神宙斯）。

· 土星有著光彩奪目的光環，可算是太陽系中最美麗的行星了。克洛諾斯閹割了「天父」烏拉諾斯接掌王位後，被預言將受到報應：自己的兒子會推翻他建立新朝，如他做的一般。

「敲開」宇宙大門的威廉·赫歇爾

其實，對沒有望遠鏡的人來說，行星也只是剛好經過天空的光點。直到 17 世紀，隨著望遠鏡的普及，天文學家才發現行星是球體。20 世紀才有太空探測器對這些行星進行近距離的詳細觀測，並安排探測器登上它們。

1609 年的冬天，得知荷蘭人發明望遠鏡的伽利略，就自製了一臺很不錯的望遠鏡（人類第一臺折射式望遠鏡），並立即將望遠鏡指向了太空。他不僅發現了行星都是球體，還看到了月球上的「環形山」；明亮的金星有和月亮一樣的陰晴圓缺；另一顆行星，巨大的木星，有自己的衛星，伽利略發現了其中最大的四顆：木衛三、木衛四、木衛一和木衛二（見圖 1.25）。1610 年它們被分別用宙斯（木星神）情人的名字命名：埃歐（木衛一）、歐羅巴（木衛二）、蓋尼米德（木衛三）和卡利斯托（木衛四）。之後，木星的衛星相繼被發現，可能是為了維護天帝的尊嚴吧，它們都改為用宙斯女兒的名字命名。

用太陽取代地球作為行星環繞的中心可以很容易地解釋金星的盈虧以及它在天空中的運動特徵。木星衛星的發現強有力地支持了哥白尼的宇宙模型：雖然伽利略的二十倍望遠鏡看到的木衛只是光點，但是從沒有人觀察到天體環繞地球以外的星體飛行。這個真實、簡單的觀測證實了地球不是宇宙中心，所有天體都圍繞地球旋轉是宗教的、形而上學的錯誤觀點，徹底地證實了日心說的太陽系理論。

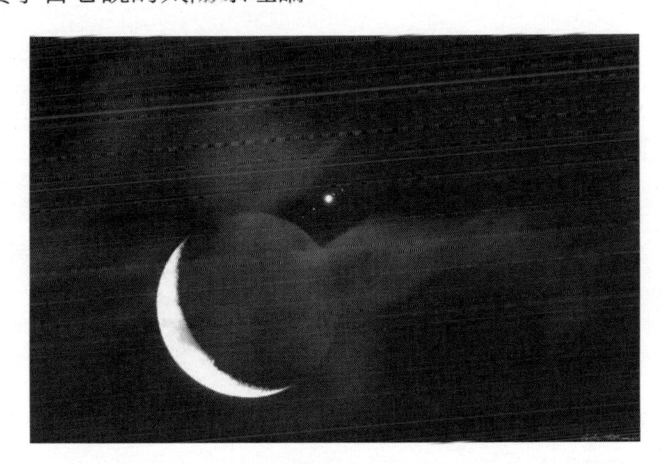

圖 1.25　2012 年 7 月 15 日黎明前時分，在新月旁看到了明亮的木星。
左向右分別是木衛四、木衛三、木星、木衛一和木衛二。
其實，木衛四、木衛三和木衛一都比月亮大，只有木衛二略小於月亮

一旦哥白尼模型被廣泛接受，天空中的行星排列便可以合理地被稱為太陽系，地球也可以回到六大行星的正確位置上去。看上去是那麼美、那麼合情合理，沒有人會想到有更多的行星出現，就連 1781 年發現第七大行星的英國天文學家威廉·赫歇

爾 (Frederick William Herschel) 也從未想過。當赫歇爾看到那顆星在恆星背景下移動時，由於腦海中根本就沒有（新）行星的意識存在，所以，他宣布發現了一顆彗星。畢竟彗星是可以動的，也是可發現的。最終很多天文學家把它稱之為「赫歇爾行星」。這樣的稱呼名副其實！因為，畢竟是「赫歇爾行星」的發現打破了地心說也好、日心說也罷所描述的太陽系（甚至認為是整個宇宙）的界限。直到轟動世界的「筆尖底下發現的行星 —— 海王星」被發現，人們才接受了這顆星的命名 —— 天王星。

海王星的發現是科學史上最激動人心的事件之一。1846 年 9 月 23 日晚，德國天文學家伽勒 (Johann Gottfried Galle) 在柏林天文臺發現了它，但是這個發現是根據法國數學家勒威耶 (Urbain Le Verrier) 的計算做出的，因此從某種意義上說，勒威耶才是海王星的真正發現者。這個發現公布之後，英國天文學界聲稱英國數學家亞當斯 (John Couch Adams) 早在 1845 年 9 月就已計算出了海王星的位置，比勒威耶還早，只不過沒有引起天文學家的重視而已。這個說法引起了一場國際糾紛，最終還是達成了共識，把亞當斯也作為海王星的共同發現者。

海王星的「故事」是這樣的：天王星被發現之後，1821 年，巴黎天文臺臺長布瓦爾 (Alexis Bouvard) 把天文學家歷年對天王星的觀測紀錄編輯成天王星星表，並根據萬有引力定律推算天王星的運行軌道，驚訝地發現天王星的實際位置偏離了推算出的軌道。是萬有引力定律有誤，還是有一顆未知的大行星在干擾天王星的運行呢？

1832 年，時任劍橋大學天文學教授的艾里（George Biddell Airy）向英國科學促進會做了一個報告，介紹這個困擾天文學家的大難題。沒有任何根據懷疑萬有引力定律的正確性，那麼更可能的情形就是存在一顆有待發現的大行星。要找到這顆大行星，需要解決「特殊攝動」問題。如果知道一顆大行星的位置，根據萬有引力定律可以計算出它對臨近大行星的運行的干擾，也就是天文學上所謂的「攝動」。但是如果反過來，要從某顆大行星受到的「攝動」推算出未知大行星的位置，則要困難得多，當時大多數科學家認為是不可能做到的。

1841 年 6 月，在劍橋大學讀本科的亞當斯在劍橋書店裡讀到了艾里的報告，他透過劍橋天文學教授查里斯（James Challis）向已榮任格林尼治天文臺臺長的艾里索要格林尼治天文臺的天王星觀測數據。1845 年 9 月，亞當斯獲得了計算結果，推算出未知行星的軌道，交給查里斯，希望劍橋天文臺能據此尋找新行星。但查里斯並不相信亞當斯的計算，不過他還是寫信向艾里推薦亞當斯。亞當斯在 1845 年 10 月 21 日兩次拜訪艾里，都沒能見上面，留下了一張便條。保存至今的這張便條列出他的計算結果：新行星與太陽的平均距離為 28 個天文單位（比實際距離遠了 1/4）；它在 1845 年 10 月 1 日的位置為黃經 323 度 34 分 —— 只比海王星的實際位置差了大約 2 度。

海王星被發現、命名之後，人們一直在努力發現第九大行星，直到發現一度的第九大行星冥王星，只是一顆矮行星，是典型的「古柏小行星帶」天體。以後，隨著觀測手段的進步，特別是人類探測器的近距離「造訪」，使得這個群體更加豐富多彩，但它們不是大行星。是一些矮行星、小行星和彗星等。比較知名的有：冥王星、冥衛一、凱倫（冥王星衛星）、許德拉（冥王星衛星）、尼克斯（冥王星衛星）、鬩神星、賽德娜、歐克斯、伊克西翁、鳥神星、雨神星、妊神星、創神星等。

1.1.3　同一個「宇宙」

地心說和日心說說的是同一個「宇宙」

One world，One dream ！這句 2008 年奧運會的口號，表達了人類是同一個命運共同體的願望，也喚出了人類追求宇宙奧祕的夢想。試想，這句話用來解釋流傳了上千年的托勒密的地心說和「推翻了」地心說「統治」的哥白尼的日心說之間的共同點，真讓人覺得用詞貼切！就兩者的「全貌」來看（見圖 1.26），只是地球和太陽的位置做了個調換，尤其是那層最高天 —— 恆星天，依然在那裡象徵著人類追求（宇宙）的極限。

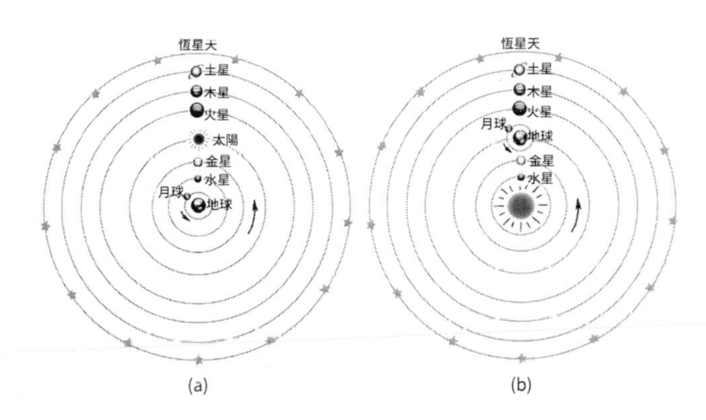

圖 1.26 比較一下「地心說」(a) 和「日心說」(b)
除去地球和太陽的「換位」
最顯著的就是那層最高天 —— 恆星大

是的，那層「恆星天」，它太遙遠了。數千年來，人們一直認為星星是「固定不動的 —— fixed star」，從《聖經》到西元 150 年左右出版的托勒密 (Claudius Ptolemy) 所著的《天文學大成》，這些非常有影響力的著作都提到了這一點。《聖經》裡說：「上帝就把它們擺列在天上」（創世紀 1：17）。而具有希臘「科學聖賢」地位的托勒密更是非常堅定地聲稱星星是不動的。

按照人們的感官世界來說，如果這些天體能夠各自移動，那麼它們到地球的距離就必定會改變。這將使得這些星星的大小、亮度以及相對間距逐年變化。但是我們卻觀察不到這樣的變化，為什麼？因為耐心，因為你等待得不夠久！哈雷是第一個指出星星在移動的人。1718 年，他比較了「現代」星星的位置和西元前 2 世紀希臘天文學家喜帕恰斯（Hipparchus）繪製的星象圖。他很快發現牧夫座最亮的大角星已經不在以前的位置上了，哈雷相信喜帕恰斯的星象圖是準確的，確實是星星在移動！這樣的發現，的確是得益於哈雷的勤奮和天文臺長的職位，勤奮讓他產生了這樣的「奇思妙想」；職位讓他能夠擁有看到那些時間已經很久很久的資料。如果沒有望遠鏡的幫助，一個人一生的時間也不足以觀察到肉眼能夠分辨的（恆星）位移！

從太陽系到銀河系

恆星會動，那就是說「地心說」和「日心說」共同的「恆星天」是「天外有天」！不然，那些恆星在哪裡運動？

18 世紀後期，還是赫歇爾用自製的反射望遠鏡進行了系統的恆星計數觀測，他計數下 117,600 顆恆星。在太陽附近的天空進行巡天觀測，對不同方向的恆星進行計數，計算不同方向恆星的數密度。1785 年他得到了第一幅銀河系的整體圖，以此得出了一個恆星系統呈扁盤狀的結論（見圖 1.27）。其子約翰・赫歇爾在 19 世紀將恆星計數的工作擴展到南天。20 世紀初，天文學家開始把這個系統稱為銀河系。

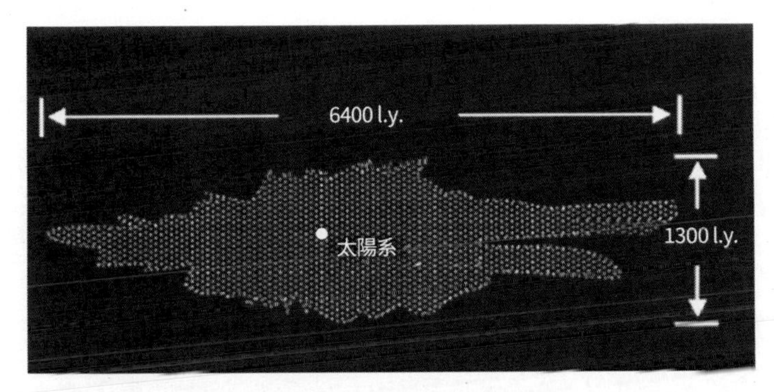

圖 1.27 赫歇爾巡天觀測繪製的恆星分布圖

實際上，類似的工作天文學的許多前輩們也做過，只是由於「恆星天」太「牢固」，所以人們沒能把視野拓展得更遠。1610 年伽利略用望遠鏡觀測天空時，就注意到後來被稱為銀河系的地方是由無數個恆星組成的（見圖 1.28）。

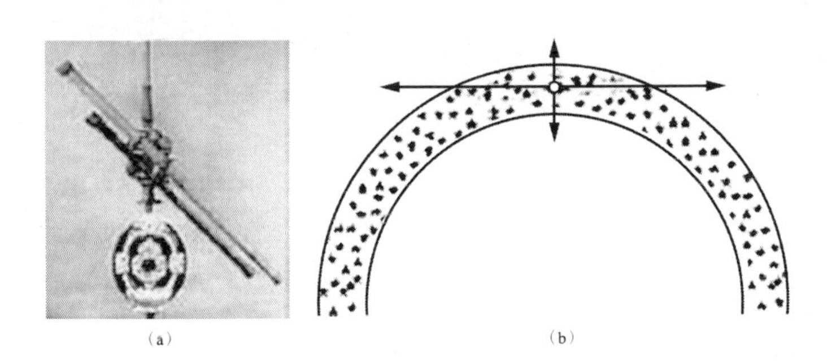

圖 1.28 伽利略發現了太陽附近恆星分布不均勻

1918 年，美國的天文學家沙普利（Harlow Shapley）提出了太陽不在銀河系中心的觀測分析結果（見圖 1.29）。他認為：太陽附近「球狀星團」（Globular cluster）的分布，如果太陽是中心，觀測結果應該為圖 1.29（a），各方向數量一致；實際的觀測結果為圖 1.29（b），在人馬座方向分布更密集。到 1920 年在觀測發現了銀河系自轉以後，沙普利的銀河系模型得到了天文學家的公認。從宇宙論角度看，銀河系結構的確定不僅是從尺度上擴大了人類認識的時空結構，同時是繼哥白尼之後又一次否定了人類（及他所居住的星球）在宇宙中具有任何特殊地位。

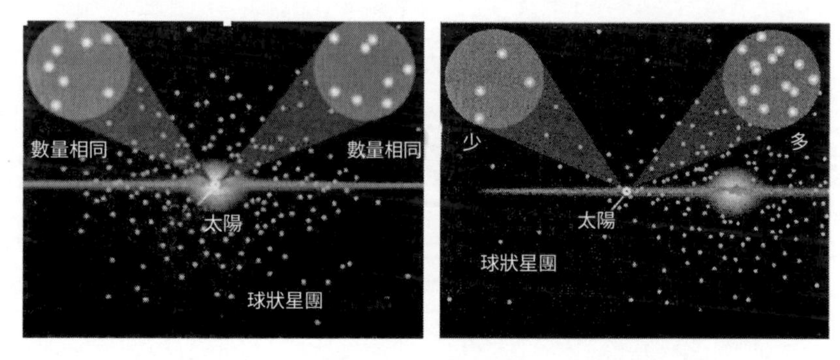

圖 1.29　太陽附近「球狀星團」的分布情況

1922 年荷蘭天文學家卡普坦（Jacobus Cornelius Kapteyn）首次利用照片進行了太陽附近不同方向恆星的計數（見圖 1.30），用統計視差的方法計算了恆星的距離，估計出銀河系直徑為 50,000 光年，厚度為 10,000 光年。

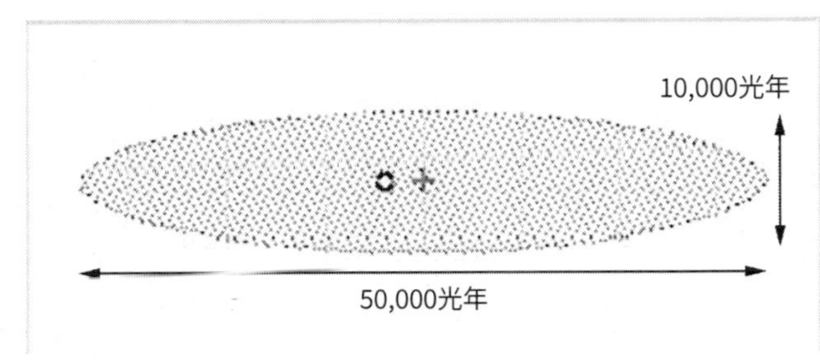

圖 1.30 卡普坦為我們描述的銀河系

從銀河系到河外星系

雖然康德（Immanuel Kant）在他的《宇宙發展史概論》中以太陽系為中心來論述宇宙的結構和演化，但他在 1755 年的《自然通史和天體論》一書中卻明確提出「廣大無邊的宇宙」之中有「數量無限的世界和星系」的觀念。宇宙中無數的恆星系統可形象地比喻成汪洋大海中的島嶼，後來人們把它稱為宇宙島。

天文學中關於宇宙島是否真的存在的議論，始終是圍繞著對星雲的觀測而展開的，直到哈伯和仙女座星系的出現。

1918 年，威爾遜山天文臺建成了口徑 2.54m 的虎克望遠鏡。1922 年，威爾遜山天文臺的鄧肯（Robert Duncan）在編號為 M31 的星系中發現了一些變星。1923 年，哈伯用這臺虎克望遠鏡透過照相觀測，將 M31 的外圍部分分解為單個的恆星，並認出其中的一顆是造父變星，接著在 M31 中又找到幾顆造父變星。此外，在 M33 和 NGC6822 中也發現了一些這類變星。這類被稱為「造父變星」的變星，具有很穩定的「光變週期（光度與時間的變化週期）」，可以讓天文學家準確地測出它們的距離。翌年，他又在仙女座星系中確認出更多的造父變星，並在三角座星系（M33）和人馬座星系（NGC6822）中發現了另一些造父變星。接著，他利用勒維特（Henrietta Swan Leavitt）、沙普利等人所確定的周光關係定出了這三個星雲的造父（變星）視差，計算出仙女座星系（M31）距離地球約九十萬光年，而本銀河系的直徑只有約十萬光年，因此證明了仙女座星系是河外星系，其他兩個星雲也遠在銀河系之外。

都卜勒效應和哈伯原理

光譜分析是天文觀測的最重要手段之一。觀測譜線的展寬和紅移（或藍移）可分析天體表面介質和天體自身的運動（見圖 1.31（a）），如果天體朝向我們而來，那它的光譜線就會整體向藍（色）端移動，也就是說它的整體波長都會變短；如果天體是遠離我們而去，那它的光譜線就會整體向紅（色）端移動，也就是說它的整體波長都會變長。雙星系統的觀測確定就利用了譜線的紅移性質，對星系譜線紅移的觀測給宇宙論帶來了難以預想的特殊意義。

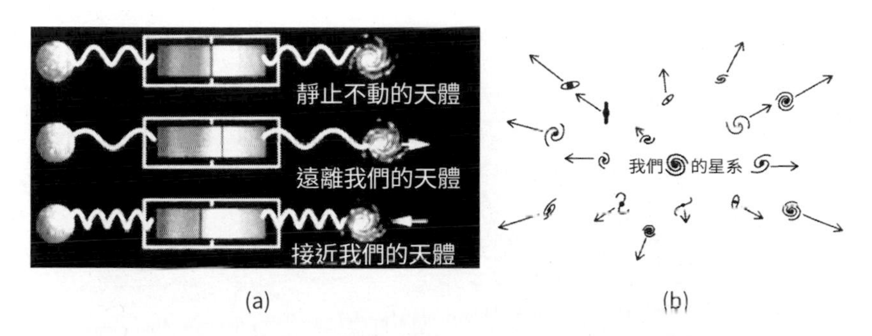

圖 1.31 天體運動的「都卜勒效應」和星系紅移

哈伯發現：河外星系的光譜線絕大多數都具有紅移，特別令人吃驚的是河外星系的紅移與它的距離成正比（圖 1.31（b））由此他給出了著名的哈伯定律：$v=H_0 \times r$，其中 v 代表星系的退行速度，r 代表星系到我們的距離，H_0 表示「哈伯常數」，越大星系的退行速度越快。H_0 由於紅移和距離的關係並不依賴於天體的內在性質，因此天體的紅移提供了一個確定天體的新手段。

哈伯的這一發現對宇宙論的發展具有劃時代的深遠意義。經 1930 年愛丁頓的解釋，哈伯的發現成為宇宙正在膨脹的觀測證據。我們的星系的「鄰居」們，那些河外星系，都在遠離我們而去（見圖 1.32）。說明，宇宙在膨脹。這也是「大霹靂」宇宙學最有力的觀測證據。「宇宙正在膨脹」或許比當年布魯諾 (Giordano Bruno) 宣布「地球正在轉動」更令人震驚，這也把人類的視野推向了無窮！

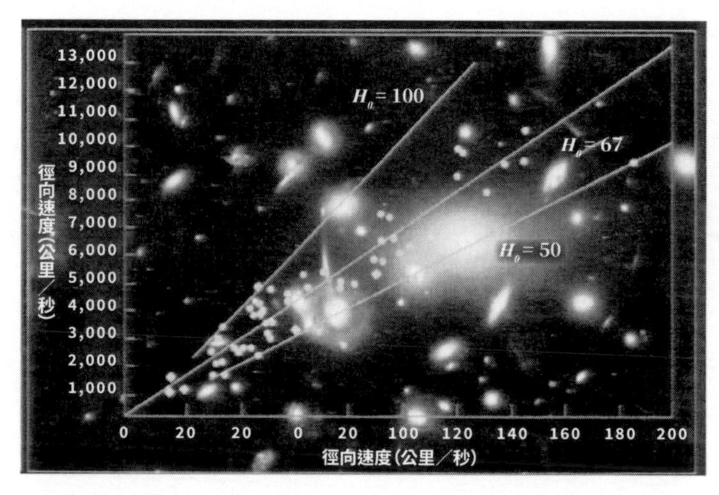
13,000
12,000
11,000
10,000
9,000
8,000
7,000
6,000
5,000
4,000
3,000
2,000
1,000
徑向速度(公里／秒)
H_0 = 100
H_0 = 67
H_0 = 50
0
20
20
0
20
100
120
140
160
180
200
徑向速度(公里／秒)

圖 1.32　哈伯紅移（定律）

1.2 宇宙理論都是怎樣產生的

觀測可以證實我們的感官感受。但是，天文學的觀測對象過於遙遠，使得我們無法全面、完整地去認識它們。這就需要我們的想像力，像愛因斯坦告訴我們的一樣，讓幻想「起飛」。

這樣的「冥思苦想」我們的祖先早就開始了，而且是世世代代的一直在進行著，不斷地進步、不斷地接近真實。

1.2.1 人類宇宙觀的演進

光、電磁輻射是天文學家研究天體必須也基本上是唯一接觸的事件。光的波粒二象性是20世紀初期物理學家發現的一個奇怪現象，他們發現當人們用一種方法和設備測量光的時候，光顯示波的特性；而人們用另一種方法和設備測量光的時候，光顯示粒子的特性。光到底是什麼呢？是波還是粒子？波和粒子，一個是能量，一個是物體；一個虛，一個實，怎麼會同時展現在光的身上呢？更奇怪的是光顯示什麼特性與人們使用什麼方法和設備測量有關，也就是說人在影響著客觀世界。為了給這個現象一個合理的哲學解釋，量子物理學的先驅之一波耳自己當起了哲學家，創建了互補哲學。波耳認為客觀世界的真實面貌是不可能被知曉的。當人們想去了解物體本身的時候，人所採用的、用於了解物體的、人造的儀器會與物體本身發生作用，從而改變了物體的真實狀態，而人們所看到的不過是物體與那些人造的儀器發生作用的結果。這，聽上去有點「玄」，你同意嗎？

就人類宇宙觀的演進來說，無論我們追溯到多遠的過去，無論是從古希臘的亞里斯多德開始，還是從宗教中上帝的創世紀開始，西方社會對宇宙的闡述都是以地心說為基礎的。雖然這期間對地的描述各有不同，但是認為人所居住的，被稱為地球的地方是處於宇宙的中心並且是靜止不動的，日月星辰都在圍繞著地球運轉。這種宇宙觀可以簡稱為絕對空間宇宙觀。

絕對空間宇宙觀

在這樣的宇宙觀中，人所在的位置非常獨特，地球似乎是專門為人而創造的生存環境，日月星辰也似乎是專門為人而創造的，太陽用來提供光明，星月用來點綴夜空。顯然，沒有任何人類所能感受到的力量可以做到這一切，只有超自然力，也就是上帝才能做到。因此配合這種宇宙觀的人文解釋自然就是創世論。在眾多的地心說之中，以西元 2 世紀的托勒密所創立的模型最為精緻而被基督教所採用，一直到 16 世紀哥白尼的到來。在托勒密的模型中地球處於宇宙的中心，在地球周圍是八個天球，這八個天球分別負載著月亮、太陽和 5 個當時已知的行星：水星、金星、火星、木星和土星；而最外層的天球被鑲上固定的恆星，恆星之間的相對位置不變，但是總體繞著天空旋轉。最後一層天球之外為何物一直不清楚，但有一點是肯定的，它不是人類所能觀測到的宇宙的部分。《時間簡史》中這樣描述托勒密的宇宙模型和它與宗教的關係：「它被基督教接納為與《聖經》相一致的宇宙圖像。這是因為它具有巨大的優點，即在固定恆星天球之外為天堂和地獄留下了很多地方。」在這樣的宇宙觀中，上帝可以從容地創造天地、星辰、風雨雷電以及人類。人類也不必為宇宙的初始而發愁，因為那是上帝的事（就當時人類的發展水準來說，也無能為力）。而上帝不只管宇宙的創生，如《聖經》所示，上帝幾度干預人類的發展過程。於是，生活在絕對空間宇宙觀中的人們成了上帝的奴僕。

但是這種狀況沒有持續下去，1514 年，哥白尼提出了日心說，使得我們所居住的地球動了起來。上帝的地位也開始動搖了。其實，我們前面說了，哥白尼的日心模型與托勒密的模型沒有太多區別，它只是將太陽和地球的位置進行了對調，太陽處於宇宙的中心靜止不動，而地球和其他行星是繞著太陽作圓周運動的。雖然哥白尼的模型改動不大，絕對靜止的空間還存在，但這足以動搖上帝創造宇宙的合理性，基督教拒絕承認，於是這個事件拖了近一個世紀才有新的進展。1609 年，伽利略觀測到木星有幾個小衛星在繞著它轉動。為了解釋這個現象，使用托勒密的模型會非常麻煩並且不宜理解，而使用哥白尼的

日心模型則簡潔明瞭得多。同時，克卜勒修正了哥白尼理論，認為行星不是沿圓周而是沿橢圓運動，而觀察的結果和這個預言是一致的。到了 1687 年，那個著名的蘋果砸到了牛頓的腦袋上，牛頓發表了他的萬有引力定律。根據這個定律，宇宙中的任一物體都被另外物體所吸引，物體質量越大，彼此距離越近，則相互之間的吸引力越大。星球之間為了不被這種引力吸引而撞到一起，必需由一個星球繞另一個星球運轉來抵消這種引力。這個定律很好地解釋了克卜勒所修正的哥白尼模型，很好地解釋了我們今天所熟知的衛星繞行星運轉，行星繞太陽運轉的太陽系。由於伽利略、牛頓等人的努力，宇宙觀發生了巨變。我們所處的地球不僅要繞著太陽公轉，同時還在不停地自轉以確保日夜交替。而托勒密的模型中最外層的天球上所鑲上的恆星，其距離比人們以前的想像要遠得多。它們是與太陽類似的物體，也可能擁有與太陽類似的家族。突然之間人們掉入了一個無限大的空間，這個空間中的物體依據萬有引力定律相互運動，而不是由上帝依據其喜好而擺放的。不僅如此，這個空間中極有可能存在與太陽系相類似的星系，也極有可能存在另外的生命。在這個空間中沒有絕對靜止的物體，它們都在相互運動之中。於是上帝創世論便隨著這個絕對空間宇宙觀的瓦解而退出了歷史舞臺，一個新的宇宙觀在牛頓時代產生了。

絕對時間宇宙觀

這個宇宙似乎是無窮無盡的，在太陽系外面是巨大的銀河系，太陽系是銀河系中的一個小小顆粒，而銀河系又是宇宙中數以億萬計的星系之一。隨著望遠鏡的升級換代，我們的視野一直望向宇宙的深處，看不到邊界。在人們所觀測到的星體中，看不出哪一個比另外的一些更特殊，更看不出哪裡是宇宙的中心。就像上面提到的，在這樣的宇宙裡，不存在可以作為標準的絕對空間。但是，在牛頓的宇宙觀裡有一個參數是絕對的，那就是時間。這個宇宙似乎已經存在了很久，而且還將存在下去很久。在沒頭沒尾的時間長河裡暢想宇宙的歷史，那才是：前不見古人，後不見來者，念天地之悠悠，獨愴然而涕下。

這種在牛頓時代產生的宇宙觀，以無限的宇宙空間為基礎，以無盡的絕對時間為背景，所以稱之為絕對時間宇宙觀。我們在學校裡被告知的就是這種宇宙觀。今天的我們在這種宇宙觀的土壤中長大，我們所生活的世界似乎是無窮盡的。於是，無限的宇宙、無盡的時間、無限可分的物質在我們看來是那樣天經地義。在這樣的宇宙觀中成長的頭腦不相信界限的存在，總會認為，今天對於人們的界限是由於認知能力的限制所致，而隨著時間的延續，認知能力的提高，今天的界限會在未來不復存在。

但是，絕對時間宇宙觀從一開始就遇到了麻煩。如果宇宙真是這樣無始無終，那就是說，在任何事件之前都存在著無限的時間，在哲學家康德看來，這是荒謬的。不僅如此，宇宙中如此眾多的星體，以自身的方式相互運動著，是誰給了它們最初的推動？而熱力學的熵增加原理指出，在沒有外部能源介入的情況下，物質世界的發展總是朝著無序的方向進行，最後達到完全均勻。但是，宇宙發展了如此長的時間，為什麼還是這樣有序？面對著以絕對時間為背景的宇宙，人們就像是在看一齣既不知道開始，也不知道結尾的連續劇，有點兒摸不著頭腦。

如果人類真的是以這種不了解「頭」，也不知道「尾」的狀態存在於宇宙間，那人類豈不是太渺小了嗎？不僅渺小，而且微不足道。牛頓顯然不喜歡這樣的哲學解釋，於是他晚年一直從事研究第一推動力以及神學而不能自拔（姑且認為是這樣的吧，雖然大機率認為這不是真的）。

隨著時間的推移，上面所說的哲學問題不但沒有得到很好的解決，而且牛頓的萬有引力在解釋天體運行規律上出現了越來越多的問題。首先水星的運動軌道就不符合萬有引力所計算的結果。但是，更為嚴重的是恆星與恆星之間的相互運動不足以抵消它們之間的引力。這意味著，由於萬有引力的作用，恆星將相互靠攏，而在將來的某個時刻相互崩塌到一起。但情況似乎並不是這樣，看上去宇宙已經演變了很長一段時間，而並沒有哪個恆星有撞向我們的跡象。為了掌握我們的命運，天文學家們開始在茫茫太空之中觀測各個恆星相對於我們的運行速度。終於在 1929 年，哈伯的觀測有了結果，而且其結果出乎所有人的預料：不管你往哪個方向看，所有的星體都在以非常快的速度離我們遠去，而且，距離越遠的星體，遠離我們的速度就越快。宇宙正在膨脹！這無疑是說明，在過去的時間裡，星體之間的距離是比現在更加靠近的。物理學家們按照所觀測到的星體的運行速度進行計算，得出了這樣的推論：「大約 100 億至 200 億年之前的某一時刻，它們剛好在同一地方，所以那時候宇宙的密度無限大」（《時間簡史》第一章）。於是宇宙有了開端，而牛頓的萬有引力在這個發現上起不到任何作用。

與此同時，有關光的速度的研究在悄悄地孕育著一個重要理論的誕生。其實早在 1676 年，丹麥的天文學家羅默 (Ole Rømer) 就發現了光並不是以無限快的速度傳播的，只不過光的傳播速度非常之快。後來人們精確地測量了光速：每秒 30 萬公里。儘管光的速度很快，但在宇宙的尺度上，它還是不夠快。以至於我們仰望天空，所看到的星光並不是同一時刻發出的，而只是同一時刻到達地球的光。我們會看到一秒鐘以前的月亮，八分鐘以前的太陽，十分鐘以前的火星，至於恆星，有四年前的，有幾千年前的，也有 150 萬年以前的，還有更久以前的。仰望天空，像是在看宇宙的編年史。面對著同樣閃爍，但又不同時刻的星光，真正是「不知今夕何夕」。

仰望「不知今夕何夕」的天空令人困惑，但更令人困惑的是，對光速的進一步研究竟對人們習以為常的絕對時間產生了挑戰。1887 年，邁克生（Albert Michelson）（美國第一個諾貝爾物理學獎獲得者）和莫雷（Edward Morley）在克里夫蘭進行了非常仔細的實驗。他們將在地球運動方向以及垂直於此方向的光速進行比較，使他們大為驚奇的是，他們發現這兩個光速完全一樣！也就是說，不管觀察者是沿著光的傳播方向，還是垂直於光的傳播方向，他們所測量到的光速是一樣的。於是我們有必要進行一番有關運動、距離以及速度的思考。

思考的結果是：光速的絕對恆定動搖了絕對時間的合理性。

1905 年，當時還並不出名的愛因斯坦勸人們放棄絕對時間觀念，因為這樣一來，光速絕對恆定的事實就有了被解釋的基礎。隨後，愛因斯坦發表了他的著名學說相對論。相對論基於絕對光速的假設，也就是：不管觀察者運動多快，他們應測量到一樣的光速。霍金描述道：「這簡單的觀念有一些非凡的結論。可能最著名者莫過於質量和能量的等價，這可用愛因斯坦著名的方程式 $E=mc^2$ 來表達（這裡 E 是能量，m 是質量，c 是光速），以及沒有任何東西能運動得比光還快的定律。由於能量和質量的等價，物體由於它的運動所具的能量應該加到它的質量上面去。相對論限定任何正常的物體永遠以低於光速的速度運動。只有光或其他沒有不變質量的波才能以光速運動。」然而，在這個理論中有一個矛盾難以解決，那就是引力必須以無限快的速度來傳播，而相對論限制任何東西運動得比光還快。1915 年，愛因斯坦繼而發表了廣義相對論，很好地解決了這個矛盾。在廣義相對論中，空間不再是均勻、平坦的，空間中的質量和能量將引起它周圍的空間彎曲，越大的質量所引發的彎曲越大。有如地球一樣的行星並不是依靠引力來圍繞著恆星運行的，而是在由恆星引發的彎曲了的空間中作直線運行。

就如同一個人沿著筆直的公路開車，他的運行線路在地面上看是一條直線，而在太空中看他的運行線路是一段弧線，因為他是在地球的球面上運行的。空間彎曲的理論是非凡的，遠遠地超出了人們的想像。為了證明這個理論的正確，人們需要在日食的時候觀測穿過太陽附近的星光。因為如果空間是彎曲的話，那麼穿過太陽附近的星光光線將隨著太陽周圍空間的彎曲而彎曲，而在地球上的人所看到的將是那顆恆星離開了它原來的位置。終於，在 1919 年，一個英國的探險隊在西非觀測日食，並觀測到了光線的偏折。廣義相對論的預言成功地被現實所驗證，同時，廣義相對論還很好地解釋了諸如水星的運行軌道等牛頓力學所解釋不了的現象。在人們為廣義相對論的成果歡欣鼓舞的時候，可能忽略了它所帶來的一個觀念上的重大變化。這個變化並不亞於當年牛頓萬有引力的發現對人們觀念的衝擊，那就是絕對時間在相對論中被終結了！

也許人們還來不及想像丟失了絕對時間以後所面臨的問題，20 世紀所發生的事件實在是令人目不暇接。在人們忙著理解什麼是相對論的時候，物理學在微觀領域研究中所發現的一些結果更加令人不可思議。前面文中提到的光的波粒二象性的發現使人們陷入了光到底是什麼的思考。1926 年，德國物理學家海森堡（Werner Heisenberg）從光的波粒二象性入手，進而推導出著名的不確定性原理。儘管對於不確定性原理的爭議不斷，但它對我們的意義並不遜於相對論的發現。不確定性原理說：對於微觀粒子，人們不可能同時確定它的位置和速度。換句話說，當粒子足夠小時，你不可能逮住這個粒子。就像只有無質量的光子才能以光速傳播一樣。以下的話已經講了近一百年了，但還有必要繼續講下去：不確定性原理是物質的客觀規律，不是測量技術和主觀能力問題。不確定性原理是人們在探索微觀世界時所遇到的一個界限，《時間簡史》中這樣說：「這個極限既不依賴於測量粒子位置和速度的方法，也不依賴於粒子的種類。海森堡不確定性原理是世界的一個基本的不可迴避的性質。」當人們在相對論中看到了最快不能超過光速這一對物體運動速度的限制之後，在微觀世界，人們遇到了由不確定性原理界定的另一條界線！

絕對光速宇宙觀

為了找尋宇宙初始的奧祕，需要從哈伯的宇宙正在膨脹入手。由於哈伯發現，所有星體都在離我們遠去，離我們越遠的星系遠離我們的速度就越快，也就是星系遠離我們的速度跟離開我們的距離成正比。這個現象是無論你向天空中哪一個方向看都是一樣的，這可能會使人們以為自己便是宇宙的中心。但是我們並不能否認有這種可能，就是在宇宙中別的地方也會得到相同的結果，或者更進一步，即在宇宙的任何一點向外看，都會看到哈伯所看到的情景。霍金就說：「所有的星系都直接相互離開。這種情形很像一個畫上好多斑點的氣球被逐漸吹脹（見圖 1.33）。當氣球膨脹時，任何兩個斑點之間的距離加大，但是沒有一個斑點可被認為是膨脹的中心。」

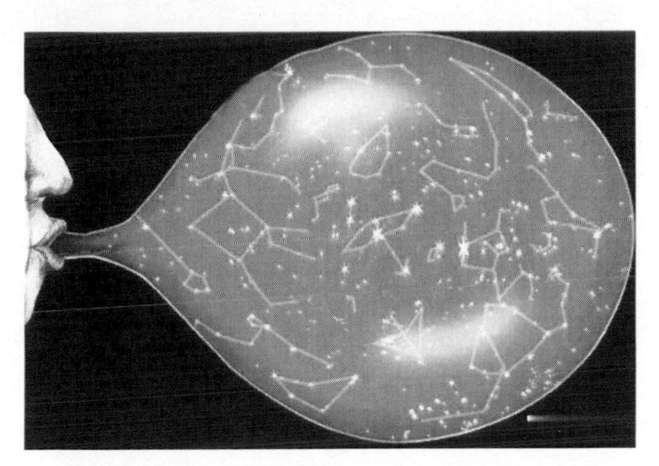

圖 1.33　膨脹的宇宙就像是一個被逐漸吹脹的氣球

以這種模型描述的宇宙有這樣一個特點：「即在過去的某一時刻（100 億～ 200 億年之前）鄰近星系之間的距離為零。在這被我們稱之為大霹靂的那一時刻，宇宙的密度和空間 —— 時間曲率都是無窮大。」因為以往我們所理解的空間和時間都是平坦、連續的，而在上述宇宙模型中存在這樣一個點，空間和時間都不再具有連續性。也就是說，不可能將空間和時間的狀態反推回去而透過這個點。「這表明，即使在大霹靂前存在事件，人們也不可能用之去確定之後所要發生的事件，因為可預見性在大霹靂處失效了。正是這樣，與之相應的，如果我們只知道在大霹靂後發生的事件，我們也不能確定在這之前發生的事件。就我們而言，發生於大霹靂之前的事件不能有後果，所以並不構成我們宇宙的科學模型的一部分。因此，我們應將它們從我們的模型中割除掉，並宣稱時間是從大霹靂開始的。」「愛因斯坦廣義相對論本身預言了：時空在大霹靂奇異點處開始。」這些都是霍金說的。

但上述的模型還存在一個問題，就是用廣義相對論雖然可以解釋大霹靂以後不斷膨脹的宇宙，但不能解釋宇宙的開端，即大霹靂時宇宙的狀態。正如霍金所說：「廣義相對論只是一個不完全的理論，它不能告訴我們宇宙是如何開始的。因為它預言，所有包括它自己在內的物理理論都在宇宙的開端失效。」宇宙的開始點在廣義相對論中是個奇異點。奇異點就像是大街上沒有人孔蓋的下水道口，有些不協調，有些不合邏輯。如果說，在大霹靂以後，宇宙便依照一定的規律而自然演變，而這一非常有規律的演變竟是起源於一個毫無規律可言的起點，這似乎有些說不過去。也許，宇宙最終會回歸到一個無序狀態的終點，然後再重新開始，這是輪迴嗎？

我們的宇宙

西方社會在 16 世紀以前，一直認為地球是宇宙的中心，其宇宙觀是以絕對空間為背景的，而對應這種宇宙觀的社會學說是宗教。那時的人們關心哪兒是天堂，哪兒是地獄。後來，伽利略、牛頓創建了經典物理學，打破了絕對空間的宇宙觀，建立了以絕對時間為背景的宇宙觀。而對應這種宇宙觀的社會學說是哲學。那時的人們關心什麼在先，什麼在後。而今天，絕對時間被愛因斯坦、霍金打破了。今天的宇宙觀是以絕對光速和不確定性原理為背景的，這樣的宇宙存在一個由大霹靂而開始的誕生點，那麼，我們所處的宇宙是個什麼樣子的呢？

- 宇宙有生有死。我們所處的宇宙存在一個由大霹靂而開始的誕生點。在這一點上既沒有空間，也沒有時間，是一個真正的「無」的狀態。從這個無的起點，由大霹靂而使空間展開、時間開始。

  宇宙跟人一樣會走向終結。在宇宙膨脹的過程中，一個巨大的黑洞正在孕育，當這個黑洞爆發的時候，一個新的時空將隨之展開，而孕育它的、我們所正處其中的這個宇宙將逐漸消亡，就如同太極圖所描繪的那樣。

· 宇宙是有所限制的。宇宙不是無限大的。我們宇宙的尺寸在誕生點為「無」，而 100 多億年後的今天還在膨脹中。
  宇宙中的任何物體的運行速度不容許超過光速。超過光速就是無物。物質不是無限可分的。當物質被分割到一定程度時，將受限於不確定性原理。最小就是光子。

· 宇宙中的時間和空間是完全相對的。由於光速的恆定，宇宙中不存在絕對標準的時間。也就是說，每個觀察者都有以自己所攜帶的鐘測量的時間，而不同觀察者攜帶的同樣的鐘的讀數不需要一致，沒有哪一個時間參照系比另一個更優越。在宇宙中時間是完全相對的。
  我們不論往哪個方向看，也不論在任何地方進行觀察，宇宙看起來都是大致一樣的。也就是說，不存在一個可以用於參考的絕對空間，沒有哪一部分空間比另一部分更優越。在宇宙中空間是完全相對的。

· 宇宙中絕對恆定的是光速。不管觀察者運動多快，他們應測量到一樣的光速。他們所觀察到的光速是恆定的。

具備以上特點的宇宙就是被物理學家所證實的宇宙，這樣的宇宙觀可以簡稱為絕對光速宇宙觀。

於是，可以將三種宇宙觀作這樣的概括。

· 絕對空間宇宙觀是神性的，這是毋庸置疑的了。製造一個優越於其他空間的靜止空間，只能是超自然力，只有上帝才能做這樣的事。

· 絕對時間宇宙觀可以說是物性的。在這樣的宇宙觀下，我們總會掉進誰先誰後，有如先有雞還是先有蛋的惡性循環不能自拔。因為，當人們面對的物質宇宙是那樣無窮無盡、無休無止、無邊無際，這使有著有限生命的人會茫然無措。在無休無止的天地間為人尋找立足的合理性是艱苦而悲壯的，我們像是天地間非常偶然的存在，我們對茫茫物質宇宙充滿崇拜，我們似乎是這個物質宇宙中可有可無的一角。顯然，不是所有人都滿意這樣的解釋，於是，他們在無休無止的時間坐標上尋找精神的位置，最後在精神和物質誰先誰後的問題上永遠夾雜不清。

· 絕對光速宇宙觀可以說是人性的。將人比天，可以如道教的始祖老子一般，將人比道（我們可以把「道」理解為：存在）。跟人一樣，宇宙不再是由造物主創生；跟人一樣，宇宙不再是無窮無盡、無休無止的物質世界。宇宙具備人的表情，宇宙在存在的層面與人相通。人既不是上帝統治的宗教世界裡的奴僕，也不是無邊無際物質世界裡可有可無的小小微粒。與存在、與天、與地一樣，人是我們認識範疇中的「一大」而共同具備存在的精神。就像老子所說：「故道大，天大，地大，人亦大。域中有四大，而人居其一焉。」

1.2.2　宇宙學模型（理論）的演化

宇宙學模型是研究宇宙學的基本框架。最早的宇宙學模型是牛頓的無限宇宙模型。現代宇宙學模型，是建立在愛因斯坦基於廣義相對論基礎之上的、含有宇宙學常數的靜態宇宙學模型。

牛頓的無限宇宙模型

牛頓建立了包括萬有引力在內的完整的力學體系。在牛頓力學體系中，當物質分布在有限空間內時是不可能穩定的。因為物質在萬有引力作用下將聚集於空間的中心，形成一個巨大的物質球，而宇宙在引力作用下塌縮時是不能保持靜止的。因此，牛頓提出宇宙必須是無限的，沒有空間邊界。宇宙空間是三維立方格子式的、符合歐幾里得幾何的無限空間，即在上下、前後、左右等各個維度上都可以一直延伸到無限遠。

牛頓的宇宙空間中，均勻地分布著無限多的天體，相互以萬有引力連繫。這不僅是牛頓的無限宇宙圖景，在大眾之中也為大多數人所接受。但它是不正確的。而且牛頓的無限宇宙模型與牛頓的萬有引力定律是相互矛盾的！

最明顯的展現就是所謂的澤利格悖論（又稱為引力悖論）。1985 年澤利格指出，當我們考慮宇宙中全部物質對空間中任一質點的引力作用時，假如認為宇宙是無限的，其中天體均勻分布在整個宇宙中，那麼在空間每一點上都會受到無限大引力的撕扯，這顯然不符合我們生活的宇宙中僅受有限引力作用的事實。

這樣看來，牛頓無限宇宙模型的困難主要在於無限宇宙與萬有引力的衝突上。要解決這個困難，要麼修改宇宙無限的觀念，要麼修改萬有引力定律，或者兩者都要修改。現代宇宙學正是在對以上兩方面的不斷「修改」中而不斷成熟起來。

愛因斯坦的靜態宇宙模型

1916 年愛因斯坦在剛剛建立廣義相對論不久，就轉向宇宙學的研究。這是因為宇宙是可以充分發揮廣義相對論作用的唯一的強重力場系統。1917 年他發表了第一篇宇宙學論文，題目是〈根據廣義相對論對宇宙學所作的考察〉，在這篇論文中，愛因斯坦從分析牛頓無限宇宙的內在矛盾及不自洽出發，提出了一個有限無邊（界）的靜態宇宙模型。

為什麼研究宇宙學問題只能運用廣義相對論而牛頓引力理論會不適用呢？因為宇宙存在著許多大質量的天體，它們的引力巨大。而牛頓引力理論只討論與距離平方成反比的弱重力問題。廣義相對論是全新的引力理論，在弱重力場中牛頓引力理論可以作為廣義相對論的近似，對宇宙系統就只能用廣義相對論來討論問題了。

愛因斯坦根據廣義相對論，提出的宇宙模型既不是無限無邊的，又不是有限有邊的，而是有限無邊的，這好像很難理解！什麼樣的空間是有限無邊或有限無界的呢？

廣義相對論告訴我們，不能先驗地假定宇宙空間一定是三維的歐幾里得空間，宇宙空間的結構或幾何性質決定於宇宙空間的物質運動與分布。根據對宇宙天體分布的分析，可以假定宇宙空間是非歐幾里得的彎曲空間，一個彎曲的三維空間完全可能是既有限又無邊界的。為了幫助理解我們將有限無邊的三維空間與二維球面來做類比。普通球面是二維曲面，也叫二維的彎曲空間。我們容易理解二維球面的彎曲性，因為處在現實的三維空間中，很容易直觀地看出二維曲面的彎曲性質。也就是說，要表現二維曲面的彎曲特性，習慣上總是放在三維歐幾里得空間中去。數學上一個二維球面，可以用三維歐幾里得空間中的球面方程式表示為

$$x^2+y^2+z^2=R^2$$

這裡的二維球面可以看作有限無邊的二維空間的代表。有限指它的面積有限，等於 $4\pi R^2$；無邊指球面沒有邊界，在球面上行走總也遇不到邊沿，或者又回到原處。它也是一個彎曲空間，彎曲就是它的性質偏離平直空間的歐幾里得幾何。比如，在球面上兩點之間最短的連線當然不可能是直線（注意不能離開球面畫線）；在球面上畫一個圓，圓周長跟半徑的比不再等

於 2π，而必定小於 2π（注意這個圓的半徑也是一段曲線）。

愛因斯坦宇宙模型是一個有限無邊的三維彎曲空間，數學上可把這樣一個宇宙空間表達為三維超球。在四維歐幾里得空間裡，三維超球方程式為

$$X_1^2+X_2^2+X_3^2+X_4^2=R^2$$

這樣一個三維超球，它的體積是有限的，總體積是 $2\pi^2R^3$。這個三維空間沒有邊界，在三維超球中無論沿什麼方向走，都遇不到邊界，只可能回到原地。總之，根據廣義相對論宇宙中物質的分布和結構決定了空間的取向。

愛因斯坦相對論宇宙模型，能很自然地消除牛頓無限宇宙中產生的「悖論」現象。

1917 年愛因斯坦把廣義相對論的場方程式應用於宇宙的結構，給出了描述宇宙狀態的方程式為

$$R_{\mu\upsilon}\ \frac{1}{2}g_{\mu\upsilon}R-\Lambda g_{\mu\upsilon}=-\frac{8\pi G}{c^4}T_{\mu\upsilon}$$

其中，R 是與時間有關的宇宙標度因子、Λ 為宇宙學常數，$T_{\mu\upsilon}$ 為宇宙介質的能量動量張量。

愛因斯坦發現如果沒有宇宙學常數項，方程式的解是不穩定的，表明宇宙在膨脹或收縮。但是他認為宇宙應該是靜態、穩定的，所以要引入宇宙學常數，起斥力作用。

弗里德曼膨脹宇宙模型

1922 年和 1927 年蘇聯數學物理學家弗里德曼（Alexander Friedmann）和比利時天文學家勒梅特（Georges Lemaître）分別獨立地找到了愛因斯坦場方程式的動態解。動態解表明：宇宙是均勻膨脹或者均勻收縮的。他們同時證明了愛因斯坦場方程式的靜態解是不穩定的，微小的擾動就足以破壞它的靜態要求，並過渡到膨脹運動狀態或收縮運動狀態。

根據弗里德曼模型，宇宙物質在空間大尺度上的分布是均勻的、各向同性的。顯然，局部宇宙空間的物質分布並不是均勻的（否則就不能匯聚形成天體）。觀測結果表明：天體是逐級成團的，如行星、恆星（行星系）、星系、星系團、超星系團。這些天體系統的尺度是逐級增大的，星系的尺度從幾千光年到幾十萬光年，星系團的尺度從幾十萬到幾百萬光年，超星系團的尺度可達上億光年。在這些天體尺度的系統內，物質分布是不均勻的（組成天體的物質相當稠密，天體之間的空間物質又極其稀薄）。但與所討論的宇宙大尺度空間（約 200 億光年）相比，這仍然是屬於小尺度的特徵。根據目前的天文觀測，在大於一億光年的空間範圍內，物質的空間分布的確是均勻的，且是各向同性的。比如，無論我們在宇宙中的哪一點向任何一個方向看去，在一定角度範圍內，亮於某一星等的星系數目總是大致相同的。又如，對宇宙中無線電波源進行計數，獲知它們的分布也是均勻的、各向同性的。

弗里德曼膨脹宇宙模型，基於宇宙大尺度結構的物質均勻分布和各向同性這一事實，給出三種不同的宇宙演化途徑。第一種情況稱為開放宇宙，星系之間的退化運動非常快以致重力無法阻止它繼續進行，即宇宙一直膨脹下去（見圖 1.34 中曲線 A）。而第二種情況被稱為平坦宇宙，星系之間的退行速度正好達到避免塌縮的臨界值，宇宙不斷膨脹，但膨脹速度逐漸趨於零（圖 1.34 中曲線 B）。在被稱為封閉宇宙或者叫做震盪宇宙的第三種情況中，星系以非常緩慢的速度互相退化，它們之間的重力不斷作用，將使這種互相退化運動最後終止，繼而開始互相接近，即宇宙膨脹至最大尺度後便開始塌縮（圖 1.34 中曲線 C）。

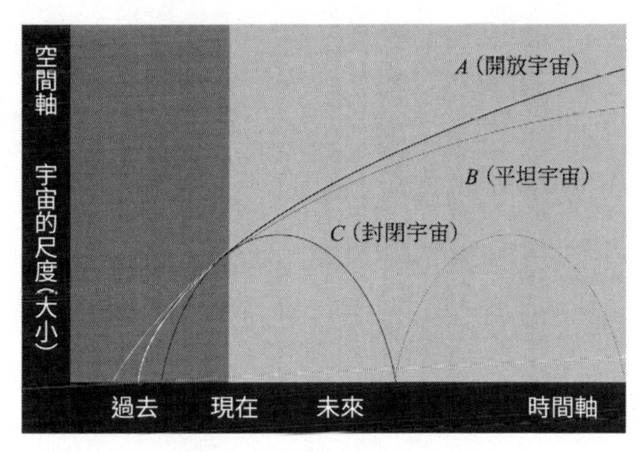

圖 1.34　宇宙的演化過程

至於實際宇宙究竟對應哪一種演化途徑，完全取決於宇宙中的物質平均密度。因為在弗里德曼模型中，任何一個典型星系的運動就像從地球表面向上拋一塊石頭。如果石頭的拋出速度足夠快，或者地球的質量足夠小（這兩種說法在物理上是等價的），石頭的速度雖然隨著時間逐漸變慢，然而最後石頭卻會跑到無限遠的地方。這相當於宇宙物質平均密度小於某一臨界密度的情形（開放宇宙）。如果石頭沒有足夠的拋出速度，或者地球質量足夠大，它將在到達一個最大高度後再跌回到地面上。這相當於宇宙物質平均密度大於臨界值的情形（封閉宇宙）。從這個類比，我們也可以理解為什麼找不到愛因斯坦場方程式的靜態宇宙解，當我們看到一塊石頭從地面拋起或者跌落向地面時不會覺得奇怪，但是我們不可能期望看到它永遠懸在空中靜止不動。

原則上，我們可以透過現在的宇宙膨脹速度以及宇宙中的平均物質密度，來確定我們的實際宇宙究竟對應哪一種演化途徑。從觀測的結果來看，我們現在能夠直接觀測到的宇宙物質質量還不足以阻止宇宙的膨脹，然而我們現在已有足夠的證據確信宇宙中存在著大量的不可視物質。這些不可視物質是否能夠阻止目前的宇宙膨脹，正是科學界極為關注的問題。科學家們則相信宇宙十分之九的質量都是由不可視物質貢獻的。

無論對於哪一種宇宙演化途徑，弗里德曼模型都面臨著這樣一個問題，由於宇宙膨脹，必定遇到時間的起點（邊界）問題，或稱之為膨脹是什麼時間開始的。有關宇宙膨脹的哈伯常數的測定使我們有可能確定宇宙膨脹的時間尺度，現有的數據表明：膨脹必定是在 100 億～ 200 億年前的某一時刻開始的。

另外，基於宇宙大尺度結構的均勻性和各向同性的觀測事實，宇宙學原理認為：由於在任何時刻從空間的任一點和任一方向所看到的宇宙圖景處處相同，所以物理規律是到處都適用的。而時間這一基本物理量總是和物質運動圖像聯繫在一起的。因此，這就意味宇宙各處有一個共同的時間標度。

對宇宙中的各種天體的年齡調查使我們更加確信這一點。天文觀測發現，一些較老的球狀星團年齡差不多都在 90 億到 150 億年之間；根據放射性同位素方法考證，太陽系中某些重元素是在 50 億～ 100 億年前形成的，而且迄今觀測到的所有天體的年齡都小於200億年。這一事實表明：我們的宇宙年齡不是無限的。

所有這些都強烈地暗示：宇宙各處可能有著共同的起源，即宇宙存在著一個時間上的開端。與歷史上各種神學創世思想本質區別在於，我們所討論的弗里德曼宇宙模型，其宇宙開端是由其動力學原因所決定的。

Λ—冷暗物質模型

Λ —— 冷暗物質（cold dark matter, CDM）模型（Λ —— CDM model 或 Lambda —— CDM model）是所謂 Λ —— 冷暗物質模型的簡稱。它在大霹靂宇宙學中經常被稱作索引模型，這是因為它嘗試解釋了對宇宙微波背景輻射、宇宙大尺度結構以及宇宙加速膨脹的超新星觀測。它是當前能夠對這些現象提供融洽合理解釋的最簡單模型。

Λ 意為宇宙學常數，是解釋當前宇宙觀測到的加速膨脹的暗能量項。宇宙學常數經常用 Ω_Λ 表示，含義是當前宇宙中暗能量在一個平坦（直）時空的宇宙模型中所占的比例。現在認為這個數值約為 0.74，即宇宙中有 74% 左右的能量是暗能量的形式。

冷暗物質是暗物質模型中的一種，它認為在宇宙早期輻射與物質的能量分布相當時暗物質的速度是非相對論性的（遠小於光速），因此暗物質是冷的；同時它們是由非重子構成的；不會發生碰撞（指暗物質的粒子不會與其他物質粒子發生重力以外的基本相互作用）或能量損耗（指暗物質不會以光子的形式輻射能量）的。冷暗物質占了當前宇宙能量密度的 22%。剩餘 4% 的能量構成了宇宙中所有的由重子（以及光子等規範玻色子）構成的物質：行星、恆星以及氣體雲等。

模型假設了具有接近尺度不變的能量譜的太初微擾，以及一個空間曲率為零的宇宙。它同時假設了宇宙沒有可觀測的拓撲，從而宇宙實際要比可觀測的粒子視界要大很多。這些都是宇宙暴脹理論的預言。

模型採用了弗里德曼——勒梅特——羅伯遜——沃克度規、弗里德曼方程式和宇宙的狀態方程式來描述從暴脹時期之後至今以及未來的宇宙。在宇宙學中，這些是能夠構建一個自洽的物理宇宙模型的最簡單的假設。而 Λ——CDM 模型終歸只是一個模型，宇宙學家們預計在對相關的基礎物理了解更多之後，這些簡單的假設都有可能被證明並不完全準確。具體而言，暴脹理論預言宇宙的空間曲率在 10^{-5} ～ 10^{-4} 的量級。另外也很難相信暗物質的溫度是熱力學溫度零度。Λ —— CDM 模型也並沒有在基礎物理層面上解釋暗物質、暗能量以及具有接近尺度不變的能量譜的太初微擾的起源：從這個意義上說，它僅僅是一個有用的參數化形式。

1.3 大霹靂

科學發展本身就是對未知世界的不斷探索。現代宇宙學的發展經歷了一個極有趣味的歷程，從神學和玄學獨占的「宇宙創生」，後由科學的宇宙觀以及近代科學的嚴謹理論所取而代之。宇宙學就是要回答與宇宙起源直接相關的問題一宇宙膨脹是如何開始的。

1.3.1 大霹靂宇宙理論

1940 年代，伽莫夫（George Gamow）把勒梅特用物理原因來說明宇宙創生的思想向前大大推進了一步，他把物理粒子及化學元素的形成跟宇宙初始的膨脹聯繫起來，使宇宙的起源問題有可能運用核物理理論來加以闡明，從而把宇宙的起源變成為一個具體的物理學問題。

1927 年勒梅特提出「原初原子」爆炸作為解釋宇宙膨脹的物理原因。為了說明宇宙膨脹，勒梅特假定宇宙起源於原初的一次猛烈爆炸。這樣，勒梅特就把原屬形而上學的宇宙創生問題變成一個物理學問題，並且說明了星系並不是由於什麼神祕的力量在推動它們分離，而是由於過去的某種物理爆炸被拋開的。但在 1920 年代，這一思想一方面沒有被重視，另一方面也缺少足夠的物理證明，從而一度遭到冷落，但正是這一質樸的物理思想成為了大霹靂宇宙學理論的直接淵源。

依照傳統的觀點，宇宙的年齡是無限的，即它一直是這樣存在著的。而宇宙中的化學元素則被認為主要是在恆星內部不斷地被「鍛造」形成，基於這種認識，化學元素的豐度曲線是從輕元素到重元素。但透過對宇宙中的化學元素調查發現，許多質量差異很大的重元素，數量卻幾乎相同。例如鉛的質量是鋤的 2 倍，但宇宙中卻具有同樣數量的鉛和鋤。另外，觀測發現，宇宙中存在最多的元素是氫和氦，而且在各類年齡大不相同的天體上，氦的豐度差不多相等，約占全部元素的 30%。自然界存在著大量的氫是可以理解的，因為氫原子核就是質子。至於氦，它是由兩個質子和兩個中子組成的，只有當溫度在 10^7K，即一千萬度以上，並且在伴有高壓條件下，才有可能將 4 個氫原子核聚合起來，形成一個氦原子核，同時釋放出大量能量。這就是通常所說的熱核融合反應。在太陽和其他恆星內部，目前所進行的就是這類熱核反應。但是，如果僅僅按這種方式來產生氦，宇宙天體中就不可能有今天觀測到的這麼多氦，而且在不同年齡的天體中氦的含量應該大不相同。伽莫夫確信今天所觀測到的宇宙中化學元素的相對豐度值必定是由宇宙創生的歷史所注定的，因為，透過對宇宙中化學元素的相對豐度的了解，必定有助於我們弄清宇宙創生的物理過程。伽莫夫在美國碰到一位志趣相投的研究生阿爾菲（Ralph Asher Alpher），他們從一篇研究論文中知道，各種原子的中子俘獲截面隨元素在週期表中的位置不同而變化，而這條變化曲線反過來看跟宇宙中的化學元素豐度曲線極為類似。這一有益發現促使他們馬上意識到中子俘獲理論可能有助於對化學元素豐度的理解。大霹靂宇宙學的第一篇研究論文就是在這一思想引導下完成的。他們的最後結論是，宇宙中現在的化學元素的豐度曲線是宇宙最初形成時的一次巨大霹靂歷史的結果。

按照伽莫夫這個大霹靂理論，宇宙在開始時全部由中子組成，然後中子按照放射性衰變過程自發地轉化為一個質子、一個電子和一個反微中子。宇宙由於大霹靂而膨脹，同時溫度降低，當溫度降到一定程度，重元素按中子俘獲的快慢順序由中子和質子生成（見圖 1.35）。為了說明輕元素豐度的現代觀測值，他們認為必須假設早期宇宙的光子與核粒子比值的數量級為十億左右。根據對現在宇宙中的核粒子密度估計，他們預言早期熾熱宇宙會給我們留下一個微波背景輻射遺蹟，溫度是 5K。

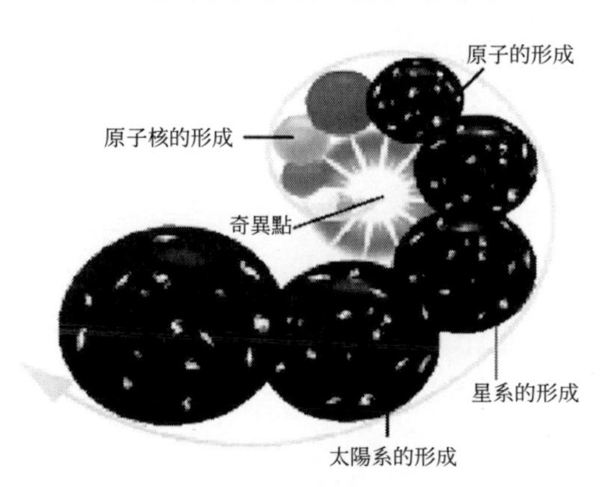

圖 1.35　宇宙大霹靂的簡單示意圖

另外一些研究者後來發現，伽莫夫的計算並不是在所有細節上完全正確，因為宇宙開始時中子和質子可能各占一半而不純是中子。而且，中子轉變為質子（或者質子轉變為中子）主要是由於和電子、正電子、微中子或反微中子相碰撞產生而不是由於中子的放射性衰變。1953 年，阿爾菲、赫爾曼（Robert Herman）等人一起對伽莫夫大霹靂宇宙模型做出修正，並且對原來關於中子質子平衡移動理論計算進行訂正，從而第一次對宇宙早期歷史進行了透徹的物理分析。從科學的邏輯發展觀點來看，只要根據氫和氦兩種元素在宇宙中大量存在的觀測事實，就完全可以推斷核合成必然在宇宙中中子比例下降到 10% ～ 15% 時發生。中子的這個比例應該在宇宙溫度達到 10 億度左右開始出現。根據核合成的這一溫度要求，可以粗略地估計出溫度為 10^9K 時宇宙中的核粒子密度，而在這一溫度下的光子密度則可以直接從黑體輻射的性質得出。於是我們就可以知道當時的光子與核粒子的比值。這一比值在以後是一直不變的，因此現在仍然保持相同的數值。這樣，根據現在核粒子密度的觀測值便可以估計到現在的光子密度值，從而可以預料宇宙中存在著溫度為 1 ～ 10K 範圍內的微波背景輻射。

如果科學的歷史就像宇宙本身的歷史那樣直接簡單，那麼早在 1940 年代最遲不超過 50 年代初，這一預言肯定會促使無線電天文學者積極地去搜尋這個背景輻射的存在。然而當時人們對於這樣一個重要的預言似乎並不在意，甚至包括作出這一預言的學者們也都沒有認真地考慮過，因此也就根本談不上著手去尋找它。的確，在發現宇宙微波背景輻射之前，天體物理學界並不普遍知道，在大霹靂宇宙模型裡，根據氫和氦含量的要求，存在一個可能實際觀測到的微波背景輻射。天體物理學界沒有普遍注意到這一預言也許是不足為怪的，因為在科學史上一兩篇淹沒在科學文獻海洋中的論文而不被注意是常有的事。但令人迷惑不解的是此後十年中再也沒有人按照這個思路繼續前進，雖然所有的理論材料和觀測手段都已完全具備。一直到 1964 年，大霹靂宇宙模型的核合成計算才由澤爾多維奇（Yakov Zeldovich）在蘇聯、霍伊爾（Fred Hoyle）在英國、皮伯斯（James Peebles）在美國分別獨立地進行了計算。

如果我們按照質能關係，將宇宙從奇異點中顯露出來的時刻定義為時間起點，大霹靂標準模型就能講出從這一創造時刻之後 0.0001 秒以來發生的全部故事。在那一刻，宇宙的溫度是 10^{12}K（1 萬億度），密度是核物質的密度，是每立方公分 10^{14} 克。

在這些條件下，「背景」輻射的光子帶有極大的能量，得以按照質能關係 $E=mc^2$ 與粒子互換。於是光子創造粒子和反粒子對，比如電子 —— 正電子對、質子 —— 反質子對和中子 —— 反中子對，而這些粒子對又能夠在不斷的能量交換中相互湮滅而生成高能光子。火球中還有很多微中子。由於基本相互作用運轉中的細微不對稱性，粒子的產量比反粒子的產量稍微多一

點 —— 每 10 億個反粒子有大約 10 億零 1 個粒子與之相配。當宇宙冷卻到光子不再具備製造質子和中子的能量時，所有成對的粒子都將湮滅，而那十億分之一的粒子留存下來，成了穩定的物質。

時間起點之後 0.01 秒、溫度降至 1 千億度（10^{11}K）時，只有較輕的電子 —— 正電子對仍在蹦蹦跳跳與輻射相互作用，質子和中子則逃過了災難。那時，中子和質子的數量相等，但隨著時間的推移，與高能電子和正電子的相互作用，使天平穩步朝有利於質子的一邊傾斜。時間起點之後 0.1 秒時，溫度降到 300 億度（3×10^{10}K），中子數與質子數的比降低到 38 ： 62。

時間起點之後約 1/3 秒時，微中子除（可能的）重力影響外停止和普通物質相互作用而「解耦」。當宇宙冷卻到 10^{10}（100 億度），即時間起點之後 1.1 秒時，它的密度降低到僅為水密度的 38 萬倍，微中子已經解耦，天平進一步朝質子傾斜，中子與質子之比變為 24 ： 76。

宇宙冷卻到 30 億度、時間起點之後 13.8 秒時，開始形成由一個質子和一個中子組成的氘核，但它們很快被其他粒子碰撞而分裂。現在，只有 17% 的核子是中子。

時間起點後 3 分零 2 秒時，宇宙冷卻到了 10 億度，僅比今天的太陽中心熱 70 倍。中子占的比例降至 14%，但它們避免了完全退出舞台的命運而倖存下來，因為溫度終於下降到了能讓氘和氦形成、且不致被其他粒子碰撞而分裂的程度。

正是在時間起點後第四分鐘這個值得紀念的時期，發生了伽莫夫及其同事在 1940 年代概略描述、霍伊爾及其他人在 60 年代仔細研究過的那些過程，將倖存的中子閉鎖在氦核內。那時，轉變成氦的核子總質量是中子質量的四倍，因為每個氦核含兩個質子和兩個中子。到時間起點之後 4 分鐘時，這個過程完成了剛剛不到 25% 的核物質轉變成了氦，其餘的則是獨身的質子 —— 氫核。

時間起點之後略晚於半小時的時候，宇宙中的全部正電子已經幾乎一同跟電子湮滅了，產生了嚴格意義上的背景輻射 —— 不過還是有與質子數相等的十億分之一的電子保存下來。這時溫度降到了 3 億度，密度只有水密度的 10%，但宇宙仍然太熱，不能形成穩定的原子；每當一個核抓到一個電子時，電子就會被背景輻射的高能光子打出來。

電子和光子之間的這種相互作用持續了 30 萬年，直到宇宙冷卻到 6,000K（大約是太陽表面的溫度），光子疲弱到再也無力將電子打跑。這時（實際上還包括隨後的 50 萬年間），背景輻射得以解耦，與物質不再有明顯的相互作用。大霹靂到此結束，宇宙也膨脹得比較平緩，並在膨脹時冷卻。由於重力試圖將宇宙往回拉到一起，它的膨脹也越來越慢。

所有這一切都能在廣義相對論 —— 經過檢驗的可靠的關於重力和時空的理論 —— 和我們關於核相互作用的知識 —— 同

樣是經過檢驗和可靠的 —— 框架內得到很好的理解。大霹靂標準模型是一門堅實可靠值得尊敬的科學，但它也留下了一些尚未得出答案的問題。

在時間起點之後1百萬年前後開始，恆星和星系得以形成，並在恆星內部把氫和氦加工成重元素，而終於產生了太陽、地球和我們人類。

1.3.2 大霹靂宇宙的觀測證據

大霹靂理論告訴我們宇宙起源於150億年前的一次猛烈爆炸。

宇宙的爆炸是空間的膨脹，物質則隨空間膨脹，宇宙是沒有中心的；隨著宇宙膨脹，溫度降低，構成物質的原初元素(D、H、He、Li)相繼形成。由於物質的形成、重力的作用、宇宙的膨脹要逐漸減慢。隨著越來越多的觀測證據，大霹靂理論逐漸被人們所接受。

而星系紅移、宇宙微波背景輻射和宇宙年齡的測定。無疑成為大霹靂理論有力的觀測證據。

星系紅移和哈伯定律

哈伯發現了河外星系的退行現象，並透過觀測得到了哈伯定律：

$$v=Hr$$

哈伯定律反映了宇宙的膨脹。由宇宙膨脹引起的星系的譜線紅移叫宇宙學紅移；宇宙的距離 $D=v/H_0=cz/H_0$（其中 D 是宇宙的距離、v 是星系的退行速度、H_0 是哈伯常數）；如果宇宙膨脹是均勻的，那麼可以確定宇宙的年齡：$t=D/v=1/H_0$。

星系的退行表明它們在過去必定靠得很近，那麼它們的起點到底是什麼？宇宙是從哪裡開始膨脹的？這支持大霹靂宇宙學。

哈伯定律的解釋：宇宙在均勻膨脹，但並不意味著觀測者是宇宙中心，宇宙沒有中心。

宇宙微波背景輻射

1964 年彭齊亞斯（Arno Penzias）和威爾遜（Robert Wilson）用天線測量天空無線電雜訊時發現在扣除大氣吸收和天線本身雜訊後，有一個溫度為 3.5K 的微波雜訊非常顯著。經過 1 年的觀測，排除了這一雜訊來自天線、地球、太陽系等的可能。認為它是瀰漫在天空中的一種輻射，即背景輻射，是各向同性的。實際上，這就是天文學家們準備尋找的宇宙大霹靂「殘骸」——宇宙微波背景輻射。1978 年兩人由於宇宙微波背景輻射的發現獲諾貝爾物理學獎。

1989 年宇宙背景探測器（COBE）在 0.5mm ～ 10cm 之間對宇宙背景輻射進行了探測，發現輻射高度各向同性。背景輻射可以用溫度為 2.74K 的黑體譜很好地擬合。說明現代宇宙來自於某時刻的物質擴散，支持大霹靂宇宙學。

透過宇宙背景探測器（COBE）的觀測，我們發現宇宙微波背景輻射存在偶極不對稱的現象。現在知道這種宇宙微波背景輻射的偶極不對稱是由於太陽系的空間運動引起的（見圖 1.36）。利用太陽運動都卜勒效應對微波背景輻射的影響可以測定太陽系的運動。太陽運動方向（溫度偏高）和反方向溫度變化 0.1%。由此得出的結論是：太陽系群以 370km/s 向獅子座方向運動。

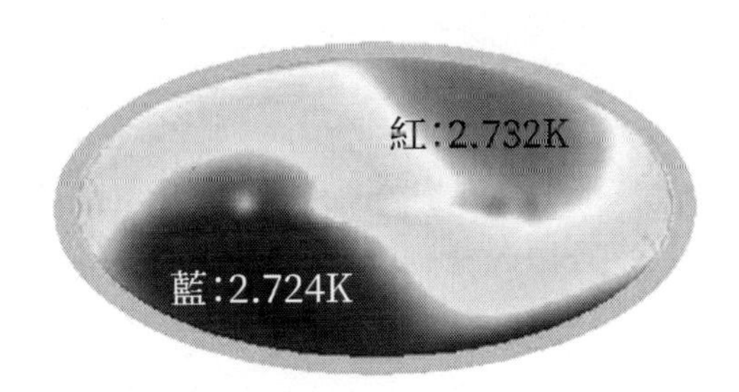

圖 1.36　太陽運動方向和反方向溫度變化 0.1%

扣除背景輻射的偶極不對稱和銀河系塵埃輻射的影響，微波背景輻射表現出十萬分之幾的溫度變化。這種細微的溫度變化表明在宇宙演化早期存在微小的不均勻性，正是這種不均勻性導致了以後宇宙結構的形成和星系的形成（見圖 1.37）。

圖 1.37　宇宙的微波背景輻射

宇宙年齡的測定

Λ —— CDM 模型認為宇宙是從一個非常均一、熾熱且高密度的太初態演化而來，至今已經過約 137 億年的時間。Λ —— CDM 模型在理論上已經被認為是一個相當有用的模型，並且它得到了當今像威爾金森微波各向異性探測器（WMAP）這樣的精確度高的天文學觀測結果的有力支持。但與之相反的，對於宇宙的太初態的起源問題，相關理論還都處於理論猜測階段。此間的主流理論 —— 暴脹模型 —— 以及最近興起的「易燃宇宙」模型（Ekpyrotic），則認為我們所處的大霹靂宇宙有可能是一個更大的並且具有非常不同的物理定律的宇宙的一部分，這個更大的宇宙的歷史則有可能追溯至比 137 億年前更久遠的年代。

如果將 Λ —— CDM 模型中的宇宙追溯到最早的能夠被理解的狀態，則在宇宙的極早期（10^{-43} 秒之前）它的狀態被稱為大霹靂奇異點。一般認為奇異點本身不具有任何物理意義，因此雖然它本身不代表任何一個可被測量的時間，但引入這個概念能夠方便地界定所謂「自大霹靂開始後」的時間。舉例而言，所謂「大霹靂 10^{-6} 秒之後」是宇宙學上一個有意義的年代劃分。雖然說這個年代用所謂「137 億年減去 10^{-6} 秒之前」表達起來可能會更有意義，但由於「137 億年」的不準確性，這種表達方式是行不通的。

總體而言，雖然宇宙可能會有一個更長的歷史，但現在的宇宙學家們仍然習慣用 Λ —— CDM 模型中宇宙的膨脹時間，亦即大霹靂後的宇宙來表述宇宙的年齡。

宇宙顯然需要具有至少和其所包含的最古老的東西一樣長的年齡，因此很多觀測能夠給出宇宙年齡的下限，例如對最冷的白矮星的溫度測量，以及對紅矮星離開赫羅圖上主序星位置的測量。

美國國家航空暨太空總署的威爾金森微波各向異性探測器計畫中所估計的宇宙年齡為

$$(1.373 \pm 0.012) \times 10^{10} \text{ 年}$$

也就是說宇宙的年齡約為一百三十七億三千萬年，不確定度為一億兩千萬年。不過，這個測定年齡的前提依據是威爾金森微波各向異性探測器所基於的宇宙模型是正確的，而根據其他模型測定的宇宙年齡可能會很不相同。例如若假定宇宙存在由相對論性粒子構成的背景輻射，威爾金森微波各向異性探測器中的約束條件的誤差範圍則有可能會擴大 10 倍。

第 2 章

「黑洞」不是說好了看不見嗎

說到天文學，有三個話題是少不了的一星座、黑洞、外星人。而黑洞更是以看不見、摸不著、超級恐怖而聞名！這樣一個「吞吃」一切的怪物，怎麼一下子就變成了早餐桌上的「甜甜圈」了呢？ 2019 年 4 月 10 日（不是 4 月 1 日）由全球 8 組無線電望遠鏡組成的「事件視界望遠鏡」（Event Horizon Telescope，EHT）公布了「人類第一張」黑洞的照片。

我們知道黑洞是一個強重力場，是一個重力強到連光線都會「彎折」回去或者是「掉進去」的區域。沒有光線，那當然是「看不到」了。怎麼又看到了呢？想知道為什麼我們可以看到以前看不到黑洞的原因，你需要注意幾個關鍵詞：無線電望遠鏡、資料壓縮、吸積盤和高能粒子流噴射（噴流）。

2.1 我們是怎麼「看見」的

在介紹黑洞的前因後果之前，我們還是先簡單地交代一下我們是怎麼「看見」黑洞的。

第一，黑洞具有強大的引力，本身並沒有光子輻射，那麼我們怎麼能夠看得見它呢？確實如此，如果宇宙中存在一個孤零零的黑洞（區域），我們確實無法用電磁手段觀測到它。但黑洞強大的引力可以把周圍的等離子體俘獲，這些被俘獲的物質會圍繞著黑洞旋轉，形成所謂的「吸積盤」，離黑洞不同的距離旋轉速度不同，物質之間產生摩擦，導致吸積盤溫度升高，使俘獲物質的一部分引力能變為熱能輻射出去，從而被我們觀測到（見圖 2.1）。因此，並不是黑洞本身發光，而是黑洞視界外面的吸積盤發光，讓我們有機會看到它。

第二，黑洞吸積盤的中央會形成一個「噴流」。也就是高速旋轉的吸積盤中央的高能粒子噴射。吸積盤把一部分物質的引力能變為熱能並輻射出去（見圖 2.2）。這種噴流都是由 X 射線粒子和 γ 射線粒子組成的高能粒子流，它們可以被無線電望遠鏡觀測到。

第三，科技的進步為我們帶來了更大、靈敏度更高的望遠鏡。這次觀測到黑洞的就是 8 臺工作在亞毫米波段的無線電天文望遠鏡（見圖 2.3）。八臺無線電望遠鏡口徑都很大，並全天 360 度可動。

第四，資料壓縮。也就是 EHT 項目組介紹人所說的「沖洗」。實際上，無線電望遠鏡可以做得很大，而且基本上可以「全天候」觀測，但是，它所利用的波段波長較長，所以能夠達到的「解析度」，或者說相對於光學望遠鏡，它所接收的資訊量就比較低。而我們的肉眼是看不到無線電波的，所以需要電腦將無線電望遠鏡接收到的無線電波壓縮、成像（轉換）為我們能夠看到的光學資訊（見圖 2.4）。這就是所謂的「沖洗（照片）」。

圖 2.1 我們能看到吸積盤發光，就是那個「甜甜圈」

圖 2.2　吸積盤中央會形成高能粒子流（噴流）

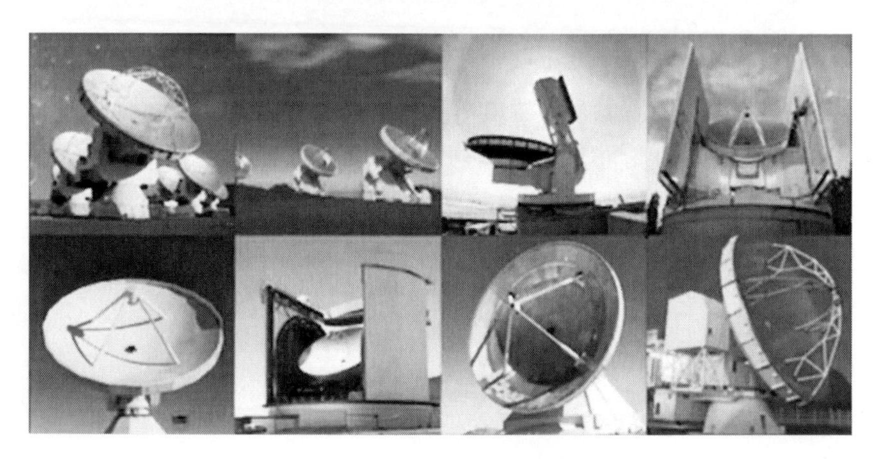

圖 2.3　8 臺無線電望遠鏡

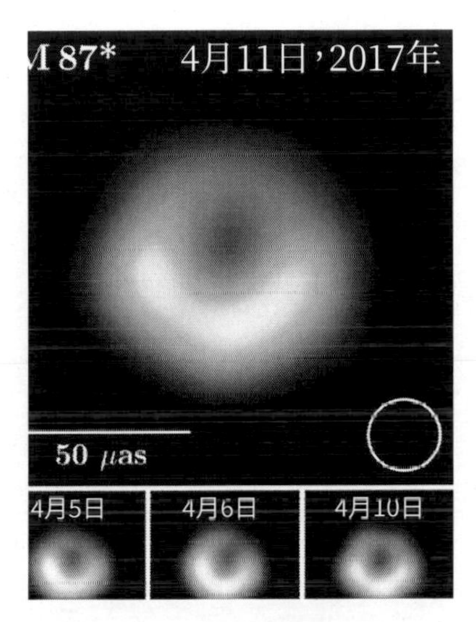

圖 2.4 主圖是最後的成像，
從下面的 3 個小圖，可以看到數據積累的過程

2.1.1 好酷的名字——「黑洞」

「黑洞」（Black Hole）可以說是 20 世紀最具神奇色彩的科學術語之一，其「形象」還多少帶有點恐怖意味，談到「黑洞」的字眼就使人聯想到它猶如一頭猛獸，具有強大的勢力範圍，只要周圍物體一旦進入其勢力範圍之內都會被其吞噬掉。這一次 EHT 項目組給出了黑洞「甜甜圈」的照片，使得黑洞看上去變得有點「可愛」了，這樣，會讓許多人喜歡上黑洞嗎？

黑洞最初僅僅是一種理論推理演繹的數學模型，但是隨著科學的發展，在宇宙中逐步得到了證實，人們逐漸認識到了黑洞的存在。有關「黑洞」的概念，我們首先想到的就是法國科學家拉普拉斯（Pierre-Simon Laplace），早在 1796 年根據「星球表面逃逸速度」的概念說過的一段話：

「天空中存在著黑暗的天體，像恆星那樣大，或許也像恆星那樣多。一個具有與地球同樣密度而直徑為太陽 250 倍的明亮星球，它發射的光將被它自身的引力拉住而不能被我們接收。正是由於這個道理，宇宙中最明亮的天體很可能卻是看不見的。」

實際上，比拉普拉斯更早提出類似概念的是英國科學家米歇爾（John Michell），他在一篇於 1783 年的英國皇家學會會議上宣讀並隨後發表在《哲學學報》的論文中寫道：

> 「如果一個星球的密度與太陽相同而半徑為太陽的 500 倍，那麼一個從很高處朝該星球下落的物體到達星球表面時的速度將超過光速。所以，假定光也像其他物體一樣被與慣性力成正比的力所吸引，所有從這個星球發射的光將被星球自身的引力拉回來。」

所以現在一般的文獻都認為經典的「黑洞」概念源於 1783 年，那是按照牛頓力學定理推導出的一種極限模型。由牛頓理論可知：物體脫離地球引力作用的是第二宇宙速度

$$v=\sqrt{\frac{2GM}{R}}$$

由此公式可知道，當 $\frac{M}{R}$ 足夠大的時候，可導致 v 接近光的傳播速度 c，任何物體都不能逃逸，連光也不可能逃逸。

但是，在那個時代，沒有任何人會相信有什麼恆星的質量會如此大而體積卻又如此小。這種設想中的星體密度是水的 10^{16} 倍！而這是幾乎無法想像的（當時的任何物理理論和實驗都無法預測或是證實）。因而黑洞的構想在被提出後不久，就被埋沒在科學文獻的故紙堆中。

直到 20 世紀初，愛因斯坦的廣義相對論預言，一定質量的天體，將對其周圍的空間產生影響而使其「彎曲」。彎曲的空間會迫使其附近的光線發生偏轉。例如太陽就會使經過其邊緣的遙遠星體光線發生 1.75 弧秒的偏轉。由於太陽的光太強，人們無法觀看太陽附近的情景。而 1919 年，一個英國日全食考察隊終於觀測到太陽附近的引力偏轉現象。

愛因斯坦創立廣義相對論之後第二年（1916 年），德國天文學家史瓦西（Karl Schwarzschild）透過計算得到了愛因斯坦引力場方程式的一個真空解，這個解表明，如果將大量物質集中於空間一點，其周圍會產生奇異的現象，即在質點周圍存在一個界面——「視界」，一旦進入這個界面（見圖 2.5），即使光也無法逃脫。進入的天體會被吞噬，「劃過」界面邊緣的天體（恆星），會像木星加速小行星、彗星一樣，得到加速。這種「不可思議的天體」被美國物理學家惠勒（John Wheeler）命名為「黑洞」。

圖 2.5　黑洞「視界」界面，也就是黑洞區域的邊界

史瓦西從「愛因斯坦引力方程式」求得了類似拉普拉斯預言的結果，即一個天體的半徑如果小於「史瓦西半徑」，那麼光線也無法逃脫它的引力。這個史瓦西半徑的範圍可以按照下列的式估算

$$r \leqslant \frac{2GM}{c^2}$$

其中，M 是天體質量，c 是光速。如果透過適當選取質量、長度和時間的單位，可以使 G 和 c 都等於 1，那麼上式還可以簡化成 $r=2M$。

史瓦西半徑不是別的，正是按照牛頓引力計算表面逃逸速度達到光速的星體尺度。上述關於引力源的半徑小於史瓦西半徑時會產生奇異黑洞的說法，在很長一段時間裡都曾經被認為是廣義相對論的一個缺陷，於是黑洞研究的進展被阻礙了。直到 1950 年代，理論家們才對史瓦西半徑上的奇異性的解釋獲得共識。史瓦西自己也並不知道，正是他為米歇爾和拉普拉斯那已被遺忘的關於黑洞的猜測打開了正確的理論通道。

按照這些後來被發展的理論，當保持太陽的質量不變，而將其壓縮成半徑 3 公里的球體時，它將變成一個黑洞；要想讓地球也成為一個黑洞，就必須把它的半徑壓縮到不到 1 公分！這從人們日常的經驗來看，是不可想像的。然而，這種威力無比的「壓縮機」在自然界的確存在，這就是天體的「自身引力」。

天體一般存在「自身的向內引力」和「向外的輻射壓力」。如果壓力大於引力，天體就膨脹（爆炸）；引力大於壓力，天體就收縮（塌縮）；如果二力相等，天體就處於平衡狀態。對恆星而言，若其原來的質量大於 8 個太陽，則其重力塌縮（見圖 2.6）的結局最終就形成黑洞。自然界中不但存在形成黑洞的巨大壓力，而且任何大質量的天體最終都逃脫不了這種塌縮的結局。

史瓦西根據廣義相對論預言的黑洞，其大小恰與米歇爾和拉普拉斯猜想的基本一致。但是，嚴格來說，這兩個理論在黑洞大小上的一致只是表面上的。按照牛頓理論，即使逃逸速度遠大於 3×10^5km/s，光仍然可以從星球表面射出到一定高度，然後再返回（正如我們總能把一顆球從地面往上拋出而後只能落下）。而在廣義相對論裡來講逃逸速度就是不正確的了，因為光根本不可能離開黑洞表面。黑洞的表面就像一個由光線織成的網，光線貼著表面環繞運行，但絕不能逃出來，如果黑洞在自轉，則捕獲光的那個面與黑洞自身的表面是不相同的。借助於逃逸速度來描述黑洞，雖然有一定的歷史價值和啟發作用，卻是過於簡單了。

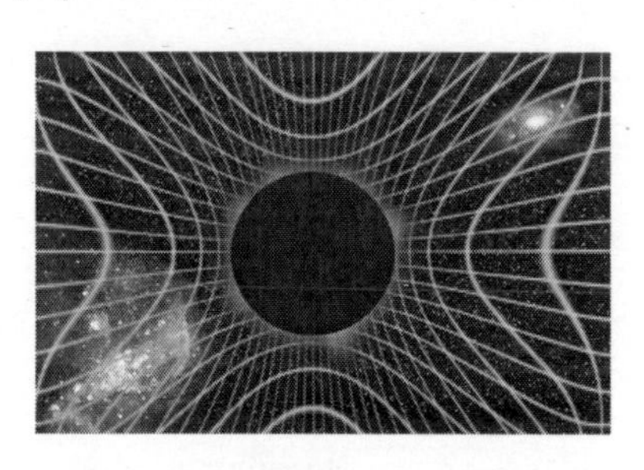

圖 2.6　當質量足夠大的天體開始重力塌縮時，最終會形成黑洞

1939 年，歐本海默（原子彈之父）研究了中子星的特性後指出，如果中子星的質量超過 3.2 倍太陽的質量，中子就無法與自身引力相抗衡，從而發生中子塌陷。這時沒有任何力量能夠抵擋住引力的作用，經過引力作用後的星核會形成一個奇異點，那個沒有體積只有超高質量、超高密度的點。

歐本海默的理論預言主要建立在以下 3 個要點上：

1. 自然界沒有任何力能夠支撐 3 倍以上太陽質量的「冷」物質，即已經停止熱核反應的物質的重力塌縮。
2. 許多已觀測到的熱恆星的質量遠超過 3 倍以上的太陽質量。
3. 大質量恆星消耗其核燃料並經歷重力塌縮的時間尺度是幾百萬年，所以這樣的過程已經在具有 100 億年以上高齡的銀河系裡發生了。

就像拉普拉斯推測的那樣，這樣的超中子星不會向外發光。它被描述成一個無限深的洞，任何落在它上面的物體都會被它吞沒而不可能再出來，即使是光也不能逃出來。

2.1.2 廣義相對論的七大預言

顯然，愛因斯坦的廣義相對論「復活」和「拯救」了黑洞。然而，對這個瑞士伯爾尼專利局的小職員來說，1905 年只是他神奇的開始。在解決了慣性系（牛頓力學體系）的問題之後，他要把相對性原理拓展到更普適的非慣性系中，徹底顛覆人們的「宇宙觀」。1907 年，愛因斯坦的長篇文章〈關於相對性原理和由此得出的結論〉，第一次拋出了「等效原理」，廣義相對論的畫卷徐徐展開。然而，這項工作十分艱鉅，直到1915 年 11 月。愛因斯坦先後向普魯士科學院提交了四篇論文，提出了天書一般的引力場方程式，至此，困擾多年的問題基本都解決了，廣義相對論誕生了。1916 年，愛因斯坦完成了長篇論文〈廣義相對論的基礎〉，文中，愛因斯坦正式將此前適用於慣性系的相對論稱為狹義相對論，將「在一切慣性系中（靜止狀態和勻速直線運動狀態）物理規律同樣成立」的原理稱為狹義相對性原理，繼而闡述了「通吃」的廣義相對性原理：物理規律在無論哪種運動方式的參照系都成立（包括靜止、勻速直線運動、加速運動、圓周運動等慣性系和非慣性系）。

愛因斯坦的廣義相對論認為，只要有非零質量的物質存在，空間和時間就會發生彎曲，形成一個向外無限延伸的「場」，物體包括光就在這彎曲的時空中沿短程線運動，其效果表現為引力。所以人們把相對論描述的彎曲的時空稱為引力場，其實在廣義相對論看來，「引力」這個東西是不存在的，它只是一種效果力，與所謂離心力類似。如果說狹義相對論顛覆了牛頓的絕對時空觀，那麼廣義相對論幾乎把萬有引力給一腳踹下去了。倒不是說愛因斯坦否定了牛頓，而是完成了經典物理的一次華麗的升級，只是如此徹底以至於經典物理變得面目全非了。

廣義相對論提出後毫無懸念地遇到了推廣的困難，因為對於我們這種生活在低速運動和弱引力場的地球人來說，它太難懂了，太離奇了。但是逐漸地，人們在宇宙這個廣袤的實驗室中尋找到了答案，發現了相對論實在是太神奇、太精彩了。這是因為根據廣義相對論所做的七大預言，都一一兌現了！

光線彎曲

幾乎所有人在國高中時都學過光是直線傳播的，但愛因斯坦告訴你這是不對的。光只不過是沿著時空傳播，然而只要有質量，就會有時空彎曲，光線就不是直的而是彎的。質量越大，彎曲越大，光線的偏轉角度越大。太陽附近存在時空彎曲，背景恆星的光傳遞到地球的途中如果途經太陽附近就會發生偏轉。愛因斯坦預測光線偏轉角度是 1.75″，而牛頓萬有引力計算的偏轉角度為 0.87″。要拍攝到太陽附近的恆星，必須等待日全食的時候才可以。機會終於來了，1919 年 5 月 29 日有一次條件極好的日全食，英國愛丁頓（Arthur Eddington）領導的考察隊分赴非洲幾內亞灣的普林西比和南美洲巴西的索布拉進行觀測，結果兩個地方三套設備觀測到的結果分別是 1.61″ ±0.30″、1.98″ ±0.12″和 1.55″ ±0.34″，與廣義相對論的預測完全吻合。這是對廣義相對論的最早證實。70 多年以後「哈伯」望遠鏡升空，拍攝到許多被稱為「重力透鏡」的現象（見圖 2.7），使得現如今「重力彎曲」，幾乎是路人皆知了。

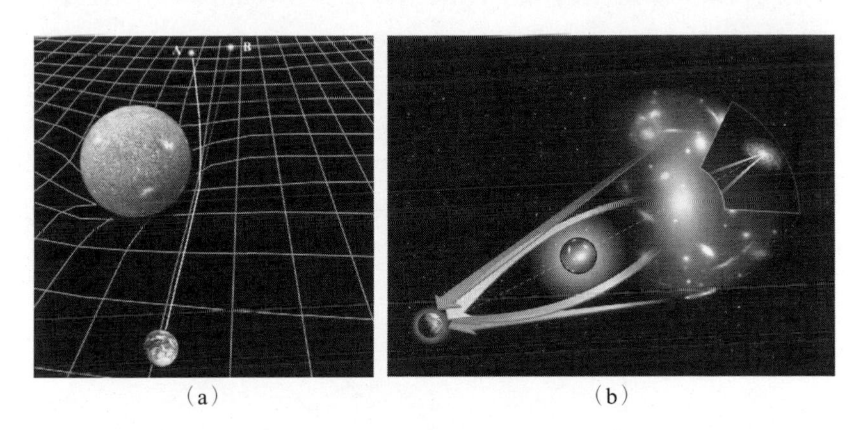

圖 2.7　光線彎曲。(a) 大質量的天體會讓我們「看到」光源在 B 點，而不是實際的 A 點；(b)「重力透鏡」也是光線彎曲的結果

水星近日點進動

一直以來，人們觀察到水星的軌道總是在發生漂移，其近日點在沿著軌道發生 5,600.73″／百年的「進動」現象（見圖 2.8）。而根據牛頓萬有引力計算，這個值為 5,557.62″／百年，相差 43.11″／百年。雖然這是一個極小的誤差，但是天體運動是嚴謹的，明明確實存在的誤差不能視而不見。科學家們紛紛猜測在水星軌道內側更靠近太陽的地方還存在著一顆行星影響著水星軌道，甚至已經有人把它起名為「火神星」。不過始終未能找到這顆行星。1916 年，愛因斯坦在論文中宣稱用廣義相對論計算得到這個偏差為 42.98″／百年，幾乎完美地解釋了水星近日點進動現象。愛因斯坦本人說，當他計算出這個結果時，簡直興奮得睡不著覺，這是他本人最為得意的成果。

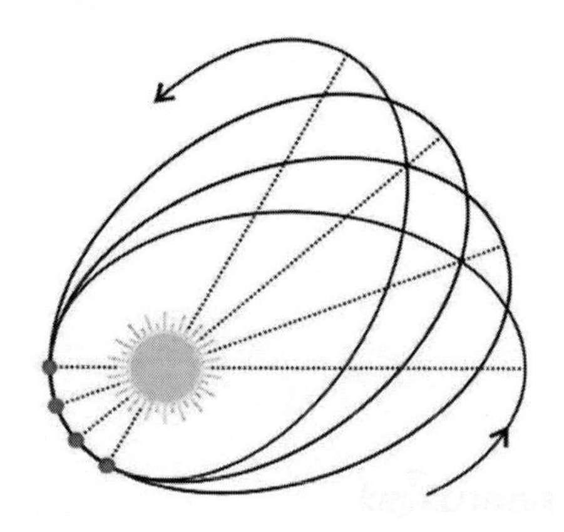

圖 2.8　由於太陽的強重力，會造成最靠近太陽的水星產生「進動」

重力鐘慢

同樣還是時空彎曲的結果。前文講到的都是空間上的影響，不論光還是水星都是在太陽附近彎曲的時空中運動。既然被彎曲的是時空，自然要講時間的變化。廣義相對論中具有基石意義的等效原理認為：無限小的體積中均勻的重力場等同於加速運動的參照系。而在重力場中重力位較低的位置，也就是過去我們所學的離天體中心越近，重力越大，那麼時間歷程越慢，物體的尺度也越小。講通俗一點，拿地球舉例，站在地面上的人相比於國際太空站的太空人感受到的重力更大，重力位更低（這是比較容易理解的），那麼地面上的人所經歷的時間相比於太空人走得更慢，長此以往將比他們更年輕！這項實驗很早以前就做過。1971 年做過一次非常精確的測量，哈菲爾 (Joseph Hafele) 和基廷 (Richard Keating) 把 4 臺銫原子鐘（目前最精確的鐘）分別放在民航客機上，在 1 萬公尺高空沿赤道環行一週。一架飛機自西向東飛，一架飛機自東向西飛，然後與地面事先校準過的原子鐘做比較。同時考慮狹義相對論效應和廣義相對論效應，東向西的理論值是飛機上的鐘比地面鐘快 (275±21) 奈秒 (10^{-9} 秒），實驗測量結果為快 (273±7) 奈秒，西向東的理論值是飛機上的鐘比地面鐘慢 (40±23) 奈秒，實驗測量結果為慢 (59±10) 奈秒。其中廣義相對論效應（即重力效應）理論為東向西快 (179±18) 奈秒，西向東快

(144±14) 奈秒，都是飛行時鐘快於地面時鐘；但需要注意的是，由於飛機向東航行是與地球自轉方向相同，所以相對地面靜止的鐘速度更快，導致狹義相對論效應（即運動學效應）更為顯著，才使得總效應為飛行時鐘慢於地面時鐘。

此外，1964 年夏皮羅 (Irwin Shapiro) 提出一項實驗，利用雷達發射一束電磁波脈衝訊號，經其他行星反射回地球再被接收。當來回的路徑遠離太陽，太陽的影響可忽略不計；當來回路徑經過太陽近旁，太陽重力場造成傳播時間會加長，此稱為雷達回波延遲，或叫「夏皮羅時間延遲效應」。天文學家後來透過金星做了雷達反射實驗，完全符合相對論的描述。2003 年天文學家利用卡西尼號土星探測器，重複了這項實驗，測量精度在 0.002% 範圍內觀測與理論一致，這是迄今為止精確度最高的廣義相對論實驗驗證。

重力紅移

從大質量天體發出的光（電磁輻射），由於處於強重力場中，其光振動週期要比同一種元素在地球上發出光的振動週期長，由此引起光譜線向紅光波段偏移的現象。只有在重力場特別強的情況下，重力造成的紅移量才能被檢測出來。1960 年代，龐德 (Robert Pound)、雷布卡 (Glen Rebka) 等人在哈佛大學的傑弗遜物理實驗室 (Jefferson Physical Laboratory)

採用梅斯堡效應的實驗方法，定量地驗證了重力紅移。他們在距離地面 22.6 公尺的高度，放置了一個伽馬射線輻射源，並在地面設置了探測器。他們將輻射源上下輕輕地晃動，同時記錄探測器測得的訊號的強度，透過這種辦法測量由重力位的微小差別所造成的譜線頻率的移動。他們的實驗方法十分巧妙，用狹義相對論和等效原理就能解釋。結果表明實驗值與理論值完全符合。2010 年來自美國和德國的三位物理學家馬勒、彼得斯和朱棣文透過物質波干涉實驗，將重力紅移效應的實驗精確度提高了一萬倍，從而更準確地驗證了愛因斯坦廣義相對論。

黑洞

黑洞的質量極其巨大，而體積卻十分微小，密度異乎尋常得大。所以，它所產生的重力場極為強勁，以至於任何物質和輻射在進入到黑洞的一個事件視界（臨界點）內，便再無法逃脫，甚至傳播速度最快的光（電磁波）也無法逃逸。如果太陽要變成黑洞就要求其所有質量必須匯聚到半徑僅 3 公里的空間內，而地球質量的黑洞半徑只有區區 0.89 公分。1964 年，美籍天文學家賈科尼（Riccardo Giacconi）意外地發現了天空中出現神祕的 X 射線源，方向位於銀河系的中心附近。1971 年美國「自由號」人造衛星發現該 X 射線源的位置是一顆超巨星，本身並不能發射所觀測到的 X 射線，它事實上被一個看不見的約 10 倍太陽質量的物體牽引著，這被認為是人類發現的第一個黑洞。雖然黑洞不可見，但是它對周圍天體運動的影響是顯著的。現在，黑洞的概念已經被人們普遍接受了，天文學家甚至可以用光學望遠鏡直接看到一些黑洞吸積盤的光。我們已經能夠借助無線電望遠鏡對其進行詳盡的研究。

重力拖曳效應

一個旋轉的物體特別是大質量物體還會使空間產生另外的拖曳扭曲，就好像在水裡轉動一個球，順著球旋轉的方向會形成小小的波紋和漩渦。地球的這一效應，將使在空間運行的陀螺儀的自轉軸發生 41/1000 弧秒的偏轉，這個角度大概相當於從華盛頓觀看一個放在洛杉磯的硬幣產生的張角。2004 年 4 月 20 日，美國太空總署「重力探測器 -B」（GP-B）衛星從范登堡空軍基地升空，以前所未有的精確度觀測「測地線效應」，從而尋找「參考系拖曳」效應的跡象。衛星在軌飛行了 17 個月，隨後研究人員對測量數據進行了 5 年的分析。2011 年 5 月美國太空總署發布消息稱，GP-B 衛星已經證實了廣義相對論的這項預測。

重力波

愛因斯坦在發表了廣義相對論後，又進一步闡述了重力場的概念。牛頓的萬有引力定律顯示出引力是「超距」的，比如太陽如果突然消失，那麼地球就會瞬間脫離自己的軌道，這似乎是正確的。但愛因斯坦提出「重力」需要在時空中傳遞，需要時間以及質量的變化引起重力場變化，重力會以光速向外傳遞，就像水波一樣，這就是「重力波」的由來。不過愛因斯坦知道重力波很微弱，像太陽這樣的恆星是不能引起劇烈擾動的，連他自己都認為可能永遠都探測不到。1974 年，美國物理學家泰勒（Joseph Taylor）和赫爾斯（Russell Hulse）利用無線電望遠鏡，發現了由兩顆中子星組成的雙星系統 PSR1913+16，並利用其中一顆脈衝星，精準地測出兩個緻密星體繞質心公轉的半長徑以每年 3.5 公尺的速率減小，3 億年後將合併，系統總能量週期每年減少 76.5 微秒，減少的部分應當就是釋放出的重力波。泰勒和赫爾斯因為首次間接探測重力波而榮獲 1993 年諾貝爾物理學獎。

2017 年重力波被發現！被譽為愛因斯坦光環的最後一塊拼圖。

三位來自美國的重力波研究專家魏斯（Rainer Weiss）、索恩（Kip Thorne）以及巴利許（Barry Barish）榮膺 2017 年諾貝爾物理學獎的殊榮，以表彰「他們對雷射干涉重力波天文臺

（LIGO）和觀測重力波所做出的決定性貢獻」。2015 年 9 月 14 日第一次探測到了重力波，它來自一個 36 倍太陽質量的黑洞與一個 29 倍太陽質量的黑洞的碰撞。這兩個黑洞碰撞後合併為一個 62 倍太陽質量的黑洞，失去的 3 倍太陽質量以重力波的形式釋放出來，被 LIGO 捕捉到。

隨後，2015 年 12 月 26 日、2017 年 1 月 4 日、2017 年 8 月 14 日，LIGO 又先後三次探測到黑洞合併產生的重力波，其中最後一次是位於美國華盛頓州和路易斯安那州的 LIGO 重力波天文臺，以及位於義大利的處女座重力波天文臺，首次共同探測到重力波。

2.1.3　那張照片

愛因斯坦的偉業，隨著重力波的被捕獲似乎已經完成了。我們回過頭來，再來詳細談談那張「甜甜圈」的照片。因為，真正讓人們「看到」黑洞，似乎才算是完滿！

主角登場

梅西耶 87（M87）是位於室女座的一個非常典型的橢圓星系，距離我們大約 5,500 萬光年，100 年前對這個星系進行光學拍照時，就發現了一個非常著名的線狀拋出物，如圖 2.9 所示，經過無線電觀測對比，現在我們知道這個線狀拋出物就是噴流在光學波段的輻射。

圖 2.9　從 M87 星系中心的黑洞拋出的物質

如果從無線電波段的觀測圖像去看，噴流將非常突出（圖 2.10 展現了不同解析度情況下的無線電圖像）。由於 M87 是一個超巨橢圓星系，因此其中心超大質量黑洞是近鄰星系中最大的黑洞之一。透過星系核心的恆星速度分布發現其黑洞質量約為 62 億個太陽質量。這次透過視界望遠鏡，可直接測量黑洞暗影的大小。

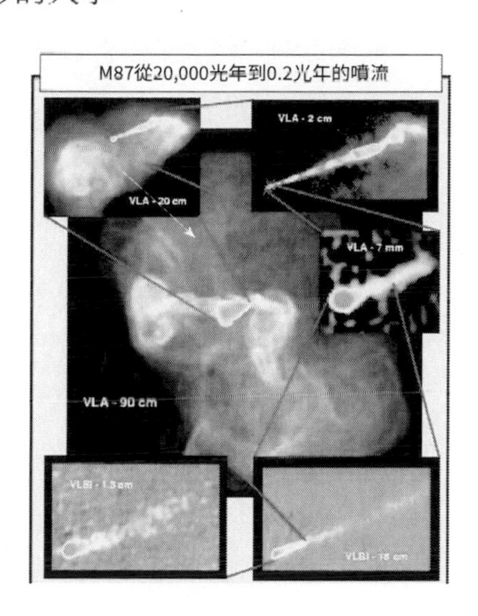

圖 2.10　不同解析度情況下的 M87 噴流
（美國 VLA 和 VLBI 無線電天線陣列拍攝）

由於 M87 中存在有來源於視界邊緣的相對論性噴流，使它的 X 射線和光學波段輻射等吸積盤和噴流輻射都可以很強。利用哈伯望遠鏡等不同波段高解析度望遠鏡觀測了星系核心區域 100 光年以內（～ 0.4 弧秒，相當於幾千個史瓦西半徑）的無線電、光學甚至 X 射線波段的輻射，並利用噴流模型進行了擬合，發現 M87 各波段輻射均來自噴流。不過，M87 在亞毫米波段有明顯的鼓起，這應該是來自於低輻射效率吸積盤中，熱電漿的輻射過程，而不是來自於噴流。這個鼓起及輻射過程在我們銀河系中心黑洞以及部分其他近鄰低光度活動星系中得到了較為充分的研究。這個亞毫米鼓起正好在這次「視界」望遠鏡觀測的波段，因此其輻射起源或者說輻射位置（吸積盤是圍繞黑洞旋轉，噴流是垂直於吸積盤方向），將對理解黑洞陰影有重要影響，不同的輻射起源，將有不同的黑洞影像，或者說這次視界望遠鏡的觀測結果將可以直接檢驗不同的理論模型。

「視界」望遠鏡

望遠鏡能解析的視角越小，其解析度就越高，θ 代表望遠鏡的角解析度：$\theta \sim \lambda/D$，其中 λ 是接受輻射的波長，D 為望遠鏡的直徑。所謂「視界」望遠鏡（Event Horizon Telescope，EHT）就是能夠分辨到宇宙中部分黑洞的視界尺度。為了提高解析度，有兩種途徑：採取更短的波長和增加望遠鏡的尺寸。

目前對於單個望遠鏡而言，無線電望遠鏡直徑可達幾百公尺（如 500 公尺的 FAST 無線電望遠鏡），但其接收的波長很長，其真實解析度並不高（其高靈敏度是最重要優勢）。在光學波段，由於材料限制，目前最大的望遠鏡也就是在 10 公尺左右。在高能的 X 射線以及伽馬射線波段，只能在空間探測，由於材料和技術原因，也不能把望遠鏡做得很大。

1960 年代，英國劍橋大學卡文迪許實驗室的馬丁．賴爾 (Sir Martin Ryle) 利用基線干涉的原理，發明了綜合孔徑無線電望遠鏡，大大提高了無線電望遠鏡的解析度，其主要的工作原理就是讓放在兩個或多個地方的無線電望遠鏡同時接收同一個天體的無線電波，考慮到地球自轉以及望遠鏡位置，電磁波到達不同望遠鏡存在距離差，可以對不同望遠鏡接收到的信號進行疊加處理得到增強的信號，此時這臺虛擬望遠鏡的尺寸就相當於望遠鏡之間的最大距離，因此這種化整為零的方法大大提高了望遠鏡的解析度，賴爾也因為此項發明獲得 1974 年諾貝爾物理學獎。

目前在從無線電到伽馬射線不同波段望遠鏡中，無線電干涉儀的解析度為最高，幾個著名的無線電干涉儀包括美國甚大天線陣 (very large Array，VLA)，是由 27 臺 25 公尺口徑的天線組成的無線電望遠鏡陣列（見圖 2.12 (a)），位於美國新墨西哥州，海拔 2,124 公尺，是世界上最大的綜合孔徑無線電望遠鏡；美國甚長基線干涉陣（very long baseline array，VLBA），由 10 架無線電望遠鏡組成的陣列。每架天線直徑都超過 25 公尺（見圖 2.11（b）），基線的最大長度可達 8,611 公里；歐洲甚長基線干涉陣（european vLBI network，EVN）以及日本空間無線電望遠鏡 VSOP（日本 HALCA 衛星搭載的 8 公尺無線電望遠鏡）等。上述幾個地面無線電望遠鏡陣的等效直徑幾乎相當於地球大小。

圖 2.11　美國的 VLA 天線陣列和組成 VLBA 的望遠鏡

到 2017 年，全球不同國家有近 10 臺亞毫米波望遠鏡已經可以投入觀測，分布從南極到北極，從美國到歐洲，組成了一個相當於地球大小的巨大虛擬望遠鏡。主要包括南極的 SPT、智利的 ALMA（陣）和 APEX、墨西哥的 LMT、美國亞利桑那的 SMT、美國夏威夷的 JCMT 和 SMA（陣）、西班牙的 PV、格陵蘭島的 GLT。這些望遠鏡工作在更短的毫米到亞毫米波段，結合地球大小的尺寸，因此達到了前所未有的超高解析度，如在 230GHz（1.3 毫米），解析度可達 20 微弧秒，比哈伯望遠鏡的解析度提高了近 2,000 倍，這個解析度幾乎接近部分近鄰超大質量黑洞視界尺度，可以看清黑洞視界的邊緣。在這些望遠鏡中，位於智利的阿塔卡瑪大型毫米波天線（atacama large millimeter array，ALMA）陣列最為重要（見圖2.12），其靈敏度最高，耗資近 150 億美元。目前那裡是世界上最好的天文觀測地點，是天文學家的聖地。

圖 2.12 位於智利沙漠的 ALMA 天線陣

到目前為止，兩個黑洞視界解析度最高的天體分別是我們銀河系中心黑洞與梅西耶 M87 中心黑洞，這兩個巨型黑洞質量分別為 410 萬和 62 億個太陽質量。銀河系和 M87 的中心黑洞離地球分別為 2.7 萬光年和 5,600 萬光年，M87 中心黑洞比銀心黑洞質量大了近 1,500 倍，但距離遠了 2,000 倍，從而導致這兩個黑洞在天空上投影大小幾乎相當（這一點非常像月亮和太陽，看上去它們大小也差不多），其黑洞視界角大小分別為 7 和 10 個微弧秒，這已經接近「虛擬口徑望遠鏡（見圖 2.13）」的角解析度了。幾乎橫跨半個地球的，世界上最大的「虛擬口徑」無線電望遠鏡，有效口徑達到 10,000 公里。

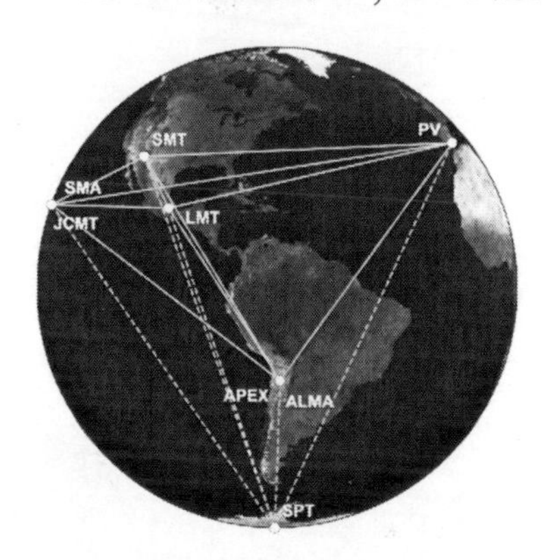

圖 2.13　虛擬口徑望遠鏡

我們能看到什麼

天文學家巴丁 (John Bardeen)1973 年就曾指出，如果在黑洞周圍有盤狀電漿並產生電磁輻射的話，黑洞看起來不是純「黑」的。2000 年，荷蘭天文學家法爾克 (Heino Falcke) 等人首次採取廣義相對論框架下光線追蹤的辦法，基於我們銀河系中心黑洞基本參數，首次呈現出黑洞可能的模樣（視線方向接近吸積盤法向，如圖 2.14 所示），黑洞周圍有一個不對稱的光環，中心比較暗的區域就是黑洞的「暗影」，黑洞陰影大小與黑洞質量有關，與黑洞自轉和視角等關係不大。透過廣義相對論計算發現光環幾乎呈圓形，圓環直徑大約為 10 倍重力半徑（由於光線彎曲等效應，圓環大小並不等於黑洞視界大小）。由於都卜勒效應，旋轉電漿的速度如果朝向我們，則輻射變亮；如果遠離我們，則變暗，因此我們會看到不對稱的圓環。當時法爾克等人根據對無線電望遠鏡的發展預期，提出在未來幾年就可看到黑洞的陰影。

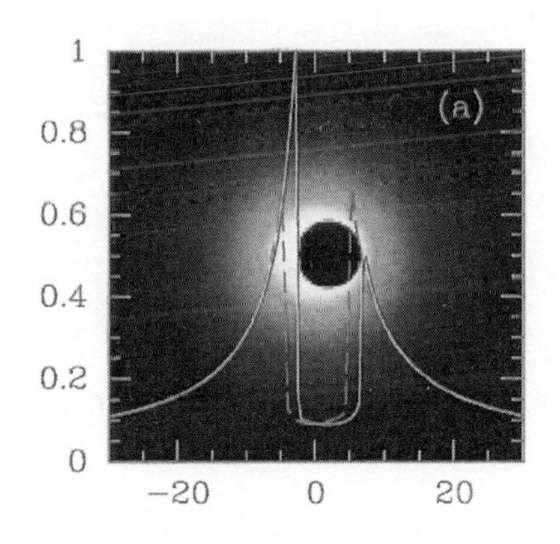

圖 2.14　從黑洞吸積盤正面看所呈現的圖像

《星際效應》號稱是人類歷史上最燒腦的電影，那是導演諾蘭 (Christopher Nolan) 的首部太空題材電影，並且邀請了天體物理學家索恩 (Kip Thorne) 給予非常專業的指導，很多場景都經過了嚴格的科學計算。宣傳片中那個黑洞圖片在很多人的腦海中都留下了深刻印象（見圖 2.15），這個圖像就是假設這個巨型黑洞周圍存在一個薄吸積盤，它的厚度相對於黑洞的大小而言可以忽略不計（也叫薄盤），其中的黑洞為一億個太陽質量。電影中的圖像，可不是藝術家的畫作，而是利用大型電腦在廣義相對論框架下精確計算的結果，因此這個電影首次把一個黑洞和吸積盤的影像呈現出來，圖 2.16 所示中黑洞上方和下方圖像是黑洞後面吸積盤光線彎曲之後被我們看到的圖像。這個圖像就是黑洞「視界」望遠鏡希望看到的樣子。圖中環線代表不同的溫度。

圖 2.15　《星際效應》中天體物理學家為我們演示的黑洞

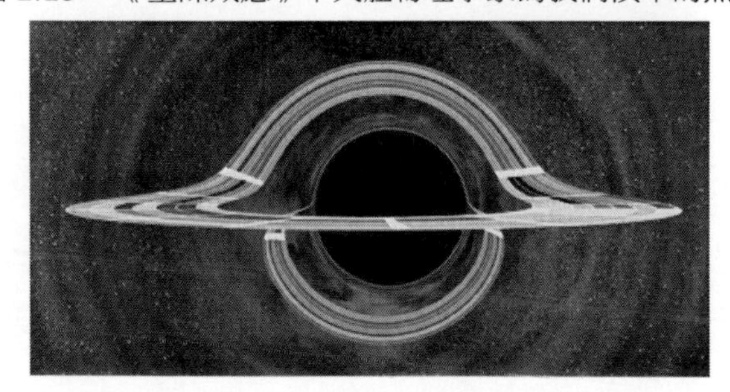

圖 2.16　《星際效應》中的黑洞，假設它為 1 億個太陽質量

當然需要指出，《星際效應》計算中採取了最標準的吸積盤，這樣的黑洞在近鄰宇宙中還沒有適合觀測的。即使有，我們也不能透過目前的「視界」望遠鏡觀測到它，因為標準薄盤的輻射主要集中在光學波段，而視界望遠鏡觀測波段在亞毫米波段。因此，《星際效應》中的這個黑洞，在相當長的時間裡，我們是無法觀測到的，除非光學望遠鏡干涉技術得到突破性的發展。

這次照片拍攝，全球的虛擬「視界」望遠鏡所選擇的兩個黑洞候選體：銀河系中心黑洞和 M87 中心黑洞，它們的觀測窗口非常短暫，每年只有十天左右，還要天氣條件適宜。2017 年觀測窗口期為 4 月 5 ～ 14 日，其中分別對銀河系中心黑洞和 M87 黑洞做了 2 次和 5 次觀測，還有部分日期因為雷電和大風等原因無法觀測。參與觀測的有 8 架亞毫米波望遠鏡（解析度達到了 20 微弧秒）。在觀測成功以後，由於甚長基線干涉陣數據處理相對較為複雜，而且涉及站點很多，每晚的數據量達 2PB（1PB=1,000TB=1,000,000GB），這和歐洲大型強子對撞機一年產生的數據差不多。為了保證準確性，觀測數據用三種完全獨立的流程以及多個獨立小組進行處理，以保證結果的準確性。真是拍照不易，洗照片更難。圖 2.17 所示就是利用三種完全獨立的數據處理方法得到的 2017 年 4 月 11 日觀測的圖像（解析度約為 20 個微弧秒），其中不同溫度等效於不同的輻射強度。

我們可以發現每張照片均呈圓環狀且中心存在陰影區域（亮環大小約為 40 個微弧秒），這個陰影區域就是前面所說「黑洞陰影」，該亮環大小與理論計算結果十分吻合（對 60 億個太陽質量黑洞對應圓環大小約為 38 個微弧秒）。

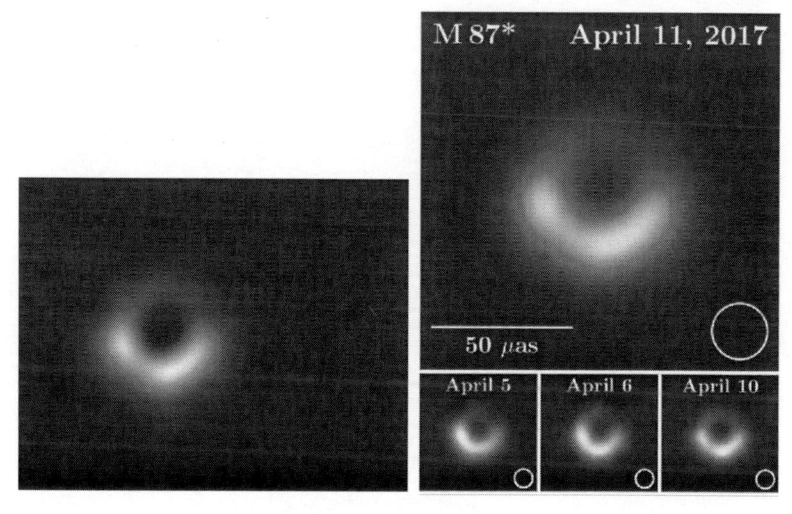

圖 2.17　(a)「視界」望遠鏡對外公布的照片，(b) 它的「沖洗（數據壓縮）」過程

此外，「亮環」明顯呈現不對稱性，其中左下角比右上角要亮（環最亮和最暗處輻射流量比值大約為 10)。這種不對稱的圓環狀結構正是愛因斯坦廣義相對論預言的黑洞陰影的典型特徵，其中繞黑洞旋轉的電漿朝向我們一側則會變亮而遠離我們的一側會變暗。這是對愛因斯坦的廣義相對論的再一次證實。從觀測結果也可以得到下面幾點結論：

1. 「視界」望遠鏡看到的中間暗影就是對應的黑洞視界範圍，也就是說人類第一次看到了黑洞圖像或者說證實了黑洞的真實存在；
2. 圓環狀結構說明其亞毫米波輻射主要來自於黑洞周圍的吸積盤，而非噴流；
3. 透過黑洞陰影和圓環大小計算出黑洞質量約為 65 億個太陽質量，支持透過恆星動力學計算出的黑洞質量。

百年謎團，終於揭曉，人類對黑洞研究將邁入一個新的階段。可以說「人類首張黑洞照片」是在 2016 年發現重力波之後，人們尋找到了愛因斯坦廣義相對論最後一塊缺失的拼圖。

2.2 黑洞面面觀

黑洞是根據理論天體物理和宇宙學理論，借助於愛因斯坦的相對論而預言的存在於宇宙中的一種天體（區域）。有關黑洞的描述、模型的確立和在宇宙中尋找黑洞，目前來說都還是比較錯綜複雜的。簡單來說，黑洞是一個質量相當大、密度相當高的天體，它是在恆星的核能耗完後發生重力塌縮而形成的結果。由於光線無法「逃逸」，所以黑洞不會發光，不能用光學天文望遠鏡看到，但天文學家可透過觀察黑洞周圍物質被吸引時的情況，找到黑洞的位置，發現和研究它。對於一般的天文愛好者而言，認識和了解黑洞可以幫助我們認識宇宙的物質的多樣性、滿足我們的好奇心，同時也可以激發我們探索未知世界的熱情。

2.2.1 各種各樣的「妖怪」

對於目前我們研究的黑洞，基本上是根據其質量的大小而分類的。分辨標準是黑洞能有多少個太陽質量，一般 3 ～ 20 個太陽質量為恆星級黑洞；6 ～ 80 個太陽質量是活躍度極強的黑洞；而質量達到百萬，甚至上百億個太陽質量的，就是超大質量黑洞了，也稱為星系級黑洞；質量在 100 ～ 1,000 個太陽質量的黑洞，稱為中等質量黑洞，目前這樣的黑洞發現的數量極少，所以，也被稱為「黑洞沙漠」。

恆星級黑洞（3～20 個太陽質量）

X 射線雙星是由一顆輻射 X 射線的緻密天體和一顆普通的恆星組成的雙星系統，其中緻密天體可能是黑洞、中子星或者白矮星。當緻密天體為黑洞時，我們就稱之為黑洞 X 射線雙星（見圖 2.18）。那麼我們怎麼才能知道其中的緻密天體是黑洞呢？在 X 射線雙星中，中心緻密天體透過「星風」吸積伴星的物質，形成吸積盤。對於恆星級質量的黑洞或中子星來說，吸積盤內區的溫度非常高，輻射主要在 X 射線波段，因此我們更容易從 X 射線波段發現它們，對於爆發類天體，無線電觀測等或許能提前知道爆發訊息。

圖 2.18　天鵝座 X-1 星

對於由兩個天體組成的繞轉系統來說，如果軌道角度合適，則有可能看到食現象，這樣可以測到週期性變化。即使沒有看到食現象，由於繞轉，作為伴星的恆星譜線會呈現出正弦都卜勒位移特徵，這種特徵也可以得到繞轉週期（譜線的週期就是黑洞雙星繞轉週期）。透過恆星顏色，現在可以很好地確定其伴星的質量。如果合理確定雙星軌道傾角，那麼就可以計算出中心緻密天體的質量。在 1960 年代，透過 X 射線觀測，發現天鵝座 X-1（Cyg X-1）是一個非常強烈的 X 射線源，其伴星為一顆超巨星，質量約為 20 個太陽質量，其軌道週期約為 5.6 天，透過譜線都卜勒效應測得的速度約為 70 公里／秒，計算發現這個 X 射線源的最小質量也應該是 5 ～ 10 個太陽質量，這遠遠超過了白矮星或中子星的質量上限，因此它很有可能就是「黑洞」，當時，這個源被認為是第一個黑洞候選體。最後，在 1972 年被證實。到目前為止，在銀河系內已經發現幾十顆黑洞 X 射線雙星候選體，其大小為 5 ～ 20 個太陽質量，當然還有更多的黑洞還在黑暗中沉睡。

黑洞舞者（6 ～ 80 個太陽質量的雙黑洞）

2016 年 2 月 11 日，美國雷射干涉重力波天文臺（LIGO）宣布人類首次發現重力波，證實了愛因斯坦百年前的預言。到目前為止，已經探測到了 10 次雙黑洞合併（見圖 2.19）產生的重力波訊號，並且發現了一例雙中子星合併事件。2019 年 4 月 1 日，LIGO 升級後恢復開機，啟動第三輪重力波探測，此次升級後，LIGO 的靈敏度比以前提高了 40%，同時歐洲 Virgo（重力波探測器）也將同時啟動探測，預計將能探測到更多的黑洞合併事件，有可能從以前的每月一次事例增加到每月數十次，從而使重力波事件成為常態，特別是有可能探測到以前沒有看到的黑洞和中子星合併所發出的重力波。在前兩輪探測中，雙黑洞質量範圍大概為 6 ～ 40 個太陽質量，合併後形成的黑洞質量在 10 ～ 80 個太陽質量，這大大突破了以前透過 X 射線雙星確定的黑洞質量。

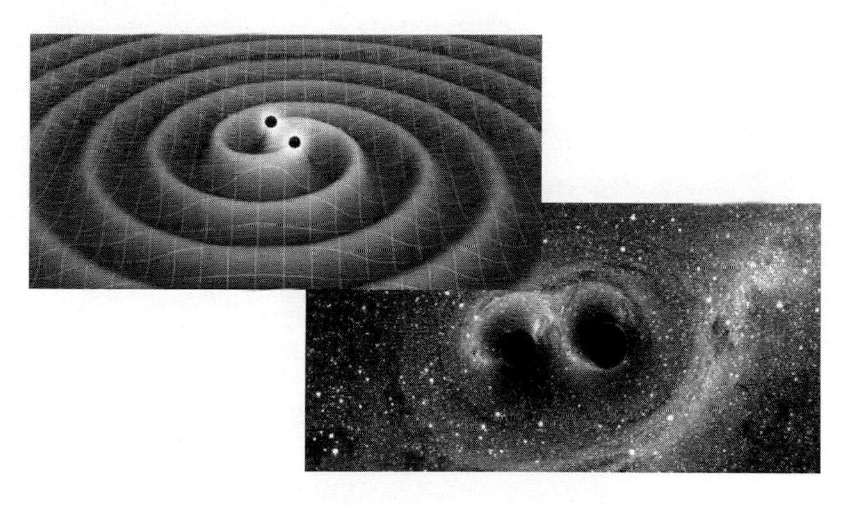

圖 2.19　利用重力波探測器探測到的雙黑洞合併圖像，
左上角為模擬雙黑洞周邊的重力波的存在

巨型黑洞（百萬到百億個太陽質量的星系級黑洞）

類星體是 1960 年代天文四大發現之一（另外三個分別為脈衝星、微波背景輻射和星際有機分子）。類星體是一種星系，但看上去非常緻密，像恆星，因此得名類星體。這類天體紅移很高，目前最高約為 7（就是它遠離我們的速度達到了 0.7 倍的光速），距離地球可以達到 100 億光年以上，單位時間發出的能量可高達 10^{48} 爾格／秒（遠遠高於普通星系的光度）。這麼小的體積，能持續發出這麼強的輻射，這種輻射不可能來自於像普通星系那樣的恆星發光，因此這類天體的能源機制一直令天文學家感到困惑。後來，人們開始慢慢認識到這種星系中心可能存在一個巨型黑洞（黑洞質量為 10^6 ～ 10^{10} 個太陽質量），圍繞黑洞有一個高速旋轉的吸積盤，吸積盤把一部分物質的重力位能變為熱能並輻射出去（見圖 2.20）。

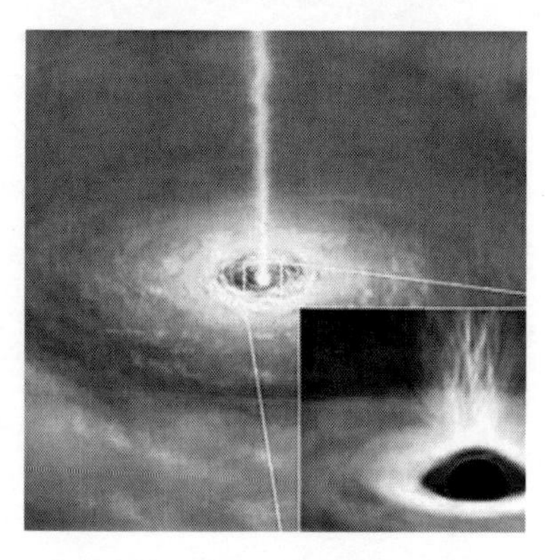

圖 2.20　黑洞、吸積盤、噴流

除了類星體外，人們也慢慢認識到可能所有的星系中心都存在一個巨型黑洞，且發現黑洞質量和星系核球之間存在非常緊密的關係（線性相關）。因此，從星系演化的角度來說，可能不僅僅是星系造就了其中心的巨型黑洞，中心黑洞也嚴重影響了整個星系甚至宇宙的演化，否則很難解釋星系核球與黑洞質量之間緊密的關係。我們銀河系中心就存在一個巨型黑洞，歐洲天文學家們利用該黑洞周圍數十顆恆星動力學測量，測得這個黑洞質量為 400 萬個太陽質量（見圖 2.21）。黑洞周邊，沒有「掉進」黑洞的恆星，會得到黑洞的加速，由此現象我們可以判定黑洞的存在。

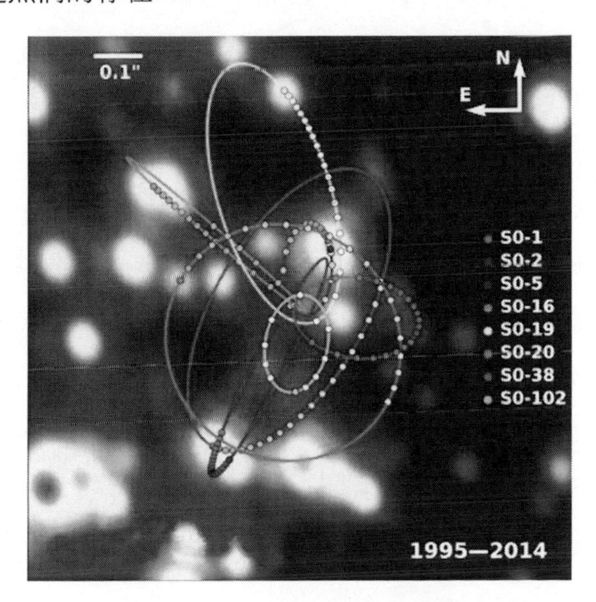

圖 2.21　黑洞周邊動力學測量

中等質量黑洞—黑洞沙漠

相比於比較公認的超大質量黑洞和恆星級黑洞，中等質量黑洞（10^2 ～ 10^3 個太陽質量）存在的證據初露端倪，但大家認可度還不高。初步候選體包括：(1) 矮星系中心黑洞，由於黑洞質量和星系核球質量存在較好的相關性，因此中小星系中可能會發現中等質量黑洞，這類矮星系可能沒有經歷主要合併過程，因此沒有長大；(2) 極亮或超亮 X 射線源，這類源一般位於星系「非」中心位置，但光度可以達到 10^{39} 爾格／秒甚至 10^{42} 爾格／秒以上（即超過或遠超過恆星級黑洞的光度）。星系 ESO 243-49 邊緣的 HLX-1 是個特殊的極亮 X 射線源（見圖 2.22），大約每 400 天爆發一次，最高光度可以超過 10^{42} 爾格／秒，從 X 射線部分黑體譜及吸積盤不穩定性等方式限定都表明其中心黑洞質量可能為 10^4 ～ 10^5 個太陽質量。因此，該源是中等質量黑洞最好的候選體之一。球狀星團中也是中等質量黑洞存在的熱門候選天體，目前已經利用多種方法搜尋，但結果都還相當不確定。相比而言，中等質量黑洞似乎還是一個沙漠地帶。尋找中等質量黑洞，對理解黑洞形成和演化將造成至關重要的作用。期望不久的將來，隨著高靈敏度、大視場的望遠鏡或空間重力波計畫的建成和投入觀測，中等質量黑洞的沙漠能變成綠洲。

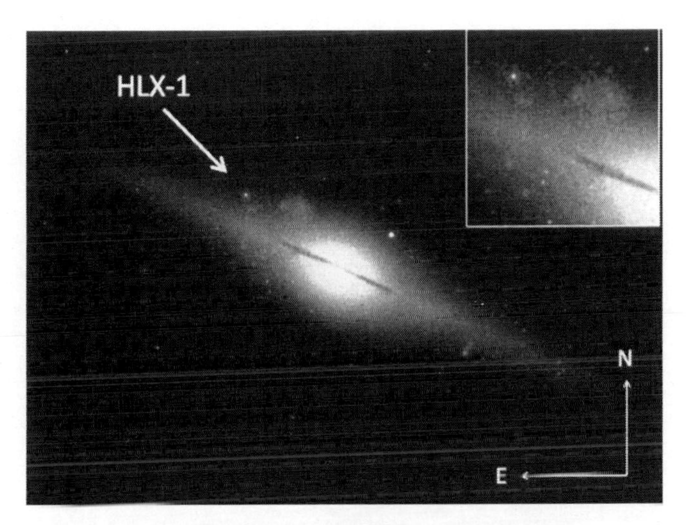

圖 2.22 通常位於星系邊緣的中等質量黑洞

2.2.2 黑洞有什麼「表現」

噴流和吸積盤

黑洞的貪婪是聞名於世的，但有一小部分黑洞還是沒有那麼貪婪，會把其中一部分物質以極高的速度拋向宇宙空間，這就是所謂的噴流（為了給黑洞正名，需要指出有很多黑洞可能還比較慷慨，可能把 90% 以上的吸積物質又拋向了宇宙空間，即吸積盤風）。噴流已經在不同尺度天體中都發現了，比如黑洞 X 射線雙星、超大質量黑洞天體、大質量恆星塌縮或雙中子合併導致的伽馬射線暴等。目前關於噴流的產生機制依舊是個謎，特別是黑洞附近的等離子體如何被準直並加速到接近光速遠離黑洞的。由於星際等離子體都帶有一定的磁場，當這些等離子體被黑洞俘獲以後，會向黑洞靠近，等離子體中的磁場也會隨著等離子體一邊旋轉一邊向黑洞靠近，形成螺旋形結構（見圖 2.23）。

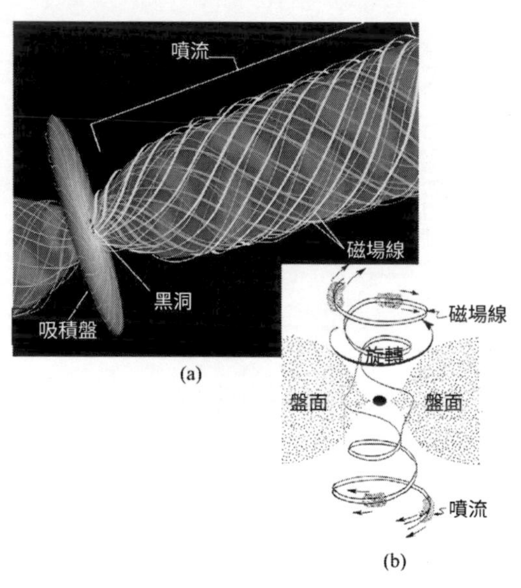

圖 2.23　黑洞和噴流以及吸積盤形成簡圖

一些還未掉入黑洞的等離子體就有可能順著磁力線改變方向被黑洞加速噴出，從而遠離黑洞。由於磁場的作用，遠離的等離子體會在黑洞邊緣繞轉並被準直，在一定距離以後速度可以達到 0.9 甚至 0.999 倍光速以上，這就形成了我們看到的相對論性噴流現象。如果相對論性噴流指向我們地球，我們看上去就類似於「類星體」，在很小的範圍內產生極大的能量。相對論效應導致噴流的輻射會被放大幾百到幾萬倍，以至於我們看到的輻射可能完全由噴流輻射主導，其黑洞吸積盤或星系的輻射完全看不到（比如耀變體 blazar）。噴流對理解很多高能天體物理現象有至關重要的作用，但總體來說，我們對噴流如何形成、能量從哪裡來（黑洞還是吸積盤）、如何準直、如何加速、能量如何耗散等關鍵物理過程都還知之甚少，有待深入研究。

黑洞的力學表現

從力學角度來說，黑洞的定義可以是這樣的：它是一個時空區域，其中重力場是十分強大的，以至於任何物質都不能逃逸出去，它具有非常高的物質密度，它的體積由史瓦西半徑來確定。

表 2.1 列舉了各種物體的一些重力參數，可以看到，黑洞與其他物體是怎樣不同。由於黑洞中心是一個奇異點，其密度遠比表裡所列舉物體的密度大得多，幾乎無法用數字描述。它的視界就是史瓦西半徑所確定的界面。

黑洞也能產生潮汐引力，其大小決定於黑洞物質的密度，密度越低黑洞外部時空彎曲越小。而在黑洞的視界面上引力為零。用經典觀點來解釋，就是在視界上，離心力與引力抵消。

表 2.1　黑洞與其他物體的區別

物體	質量／kg	尺度（半徑 R）	史瓦西半徑 R_g	引力參數（R_g ／ R）
原子	10^{-26}	10^{-10}	10^{-53}	10^{-47}
人體	10^{2}	1	10^{-25}	10^{-25}
地球	10^{25}	10^{7}	10^{-2}	10^{-9}
太陽	10^{36}	10^{9}	10^{3}	10^{-6}
中子星	10^{36}	10^{4}	10^{3}	10^{-1}
宇宙	10^{59}	10^{10} 光年	10^{10} 光年	1

黑洞的電磁學表現

塌縮成黑洞之前的恆星一般都具有磁場，形成黑洞之後它們會從星際介質中吞噬帶電粒子（電子、質子），所以黑洞應當具有電磁性質。但是黑洞帶電總量是受到限制的，超過一定的限度，黑洞的視界就被向外排斥的強大的電子斥力摧毀。帶電限度與它的質量成正比。

由於重力的存在，時空不再是我們多少年以來的那種概念——空間是笛卡兒座標系描述，時間是連續均勻的流失（牛頓的絕對時空）。空間變得彎曲了，時間也不再是絕對的，而是變得有彈性了，甚至在一定情況下會發生凍結。特別是在高密度的中心區域，空間彎曲更為明顯。科學家發現，一個遙遠的星體發出光線，在透過很長的距離傳到我們的地球時，我們同時可以看到幾個影像，這就是因為光線在傳播的過程中，受到沿途其他星體（質量）的重力作用，使光線產生了偏折的原因。許多黑洞，就是靠這種光線彎曲的測量而被探測到的。

黑洞無毛定理

按照黑洞的研究理論，黑洞是一個單向膜（單方向膜）。無論什麼樣的物質只能進入而不能出去。塌縮的最後結果造成黑洞內部的物質成分都是一樣的。原子內的電子被質子俘獲變成了相同的中子。所有進入視界的物質只能改變黑洞的質量。最終的黑洞只需要質量、角動量、電荷這三個參數完全確定其時空結構。這一結論稱為黑洞「無毛定理」（No-hair theorem）（見圖 2.24）。除了質量、角動量和電荷三根「毛」外，靜態黑洞的其他「毛髮」全部消失了。應該叫「三毛」定理？

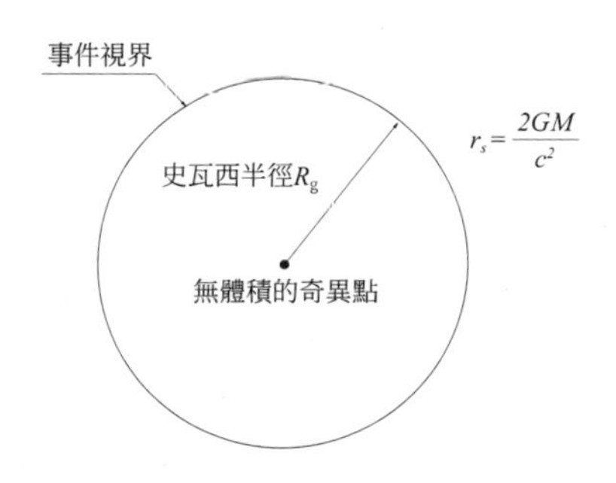

圖 2.24　黑洞無毛定理

它是由惠勒 (John Wheeler) 最先提出，經霍金 (Stephen Hawking) 等人證明的。其定理的意義告訴人們，黑洞與重力塌縮前的物質種類無關，也與物體的形狀無關。重力塌縮丟失了幾乎全部資訊。任何有關黑洞形成之前的大量複雜資訊都不可能在黑洞形成之後知道，我們能夠得到的只是黑洞最終的質量、旋轉速度、電荷量。

黑洞面積不減定理

黑洞的邊界稱為「視界」，它是恰不能從黑洞逃逸的光線在時間 —— 空間的軌跡形成的。由史瓦西黑洞視界半徑：

$$r_g = 2m = \frac{2Gm}{c^4}$$

其視界面積為：

$$A = 4\pi m^2 = \frac{16\pi G^2 m^2}{c^4}$$

即面積與其質量平方成正比。在經典黑洞理論範圍內，任何物質（包括光子）都不能逃離黑洞，黑洞的質量增大，其面積不會減少，顯然這符合視界面積不減定理。

黑洞的熱力學表現

由面積不減定理可得 $\delta A=0$，A 為黑洞面積。這和熱力學第二定律相似，熱力學第二定律指出：自然界的熵只能增加，不能減少。

以色列物理學家貝肯斯坦（Jacob　Bekenstein）和斯馬爾又各自給出了一個關於黑洞的重要公式。研究了無毛定理以後，我們知道由總質量 M、總角動量 J、總電荷量 Q 可以完全確定一個黑洞，A、V、Ω 分別表示黑洞的表面積、轉動角速度和表面靜電勢，K 為表面重力，有

$$\delta M=\frac{K}{8\pi}\delta A+\Omega\delta J+V\delta Q$$

此公式與熱力學第一定律的數學表達式 $\delta U=TdS+\Omega\delta J+V\delta Q$ 很相似，式中 U、T、S 分別表示熱力學系統的內能、溫度、熵，而黑洞的表面重力 K 非常像溫度。透過進一步的研究：即穩態黑洞表面重力 K 為常數，這和熱力學第零定律表述：處於熱平衡的系統具有相同的溫度 T 十分相似。

另外一個性質：不能透過有限次操作使 K 降為 0；這和熱力學第三定律：不能透過有限次操作使溫度 T 降為 0 相類似。

以上對比可知，黑洞的熱力學表現和熱力學定律很相似。

黑洞的奇點定理

黑洞類型中，克爾黑洞和克爾－紐曼黑洞都是嚴格對稱的，但是在實際中我們研究的星體幾乎都不是嚴格對稱的，這一事實導致了愛因斯坦重力方程式無法求解。在 1960 年代，牛津大學教授潘洛斯（Roger Penrose）和劍橋大學教授霍金用整體微分幾何得出了幾個奇點定理，說明偏離球對稱的、質量超過中子星上限的星體塌縮最終結果必然出現奇異點。由宇宙監督假設理論，在自然界不存在沒有視界的裸露奇異點，有奇異點必然有視界，就必然存在黑洞。也可以說，質量超過中子星上限的任何星體（不論是否嚴格對稱），其最後歸宿都成為黑洞。

奇點定理證明了：真實的時間一定有開始，或者一定有結束，或者既有開始又有結束。

黑洞的霍金輻射和黑洞的壽命

我們都知道真空是量子場系統的能量最低狀態。由於真空漲落，真空中不斷有各種各樣虛的正負粒子對產生，但是不允許有實的負能態存在，正負離子對產生後很快消失，都不能被直接觀測到。但是，由於黑洞的單向膜不同於一般真空，在那裡允許存在相對於無窮遠處觀測者的負能態。然而，在視界外部緊靠視界的地方，如果產生漲落，就有可能透過量子力學中的隧道效應穿過邊界進入黑洞內，此時，正粒子會跑到無窮遠處，而負粒子進入黑洞，順時針運動落向奇異點。於是粒子從黑洞逃逸出來，這就是著名的霍金輻射。

黑洞的霍金輻射，說明其能量隨著波長分布等同於 1900 年普朗克 (Max Planck) 的黑體輻射公式。因而，黑洞是具有一定溫度的黑體。研究表明，當黑洞溫度比周圍溫度低的時候，黑洞向外輻射小於從外界吸收的質量，黑洞的質量就會增加；當黑洞溫度比周圍溫度高的時候，黑洞就會逐漸蒸發以至爆炸而最後消失，經典理論面積不再成立。由此可知，黑洞的質量越大，其壽命越長。

2.3 找尋黑洞

黑洞的探測一直是神祕而強烈吸引大眾注意力的。它既是一個理論問題、也是一個實踐觀測的問題；既是天文學的研究範疇，也是理論物理甚至技術科學的研究領域；也可以說，既是一個科學話題，同時也是一個社會學的大眾話題。總之，它時刻吸引著人們的注意力。

2.3.1 靠什麼發現黑洞

霍金告訴我們，黑洞不是只進不出，它有所謂的「霍金輻射」，但是，有「虛」粒子形成的這種輻射，目前只是理論上的存在，我們無法探測，所以，我們還是看不見黑洞。對於這個無法直接觀測的神祕天體，目前，我們看見它的唯一途徑只有間接觀察：捕捉它與宇宙中其他物質發生相互作用時產生的片片漣漪。

看見黑洞的第一個途徑：恆星繞著黑洞轉

我們已經知道，在絕大多數星系的中心，都存在著一個超大質量黑洞。正如地球繞著太陽轉，星系中的恆星也都繞著這個超級黑洞旋轉著。

從 1995 年起，天文學家開始對銀河系中心「人馬座 A」區域附近的 90 顆恆星進行軌跡觀測和記錄（見圖 2.25），這些紀錄清晰地顯示：所有恆星都圍繞著一個黑暗的中心運動著。20 年中，這 90 顆恆星中的一顆名為 S2 的恆星完成了一次完整的繞行。根據 S2 的軌道數據，我們終於計算出了銀河系中心這個黑暗天體的基本數據：質量約 430 萬個太陽質量，半徑約為 0.002 光年。這樣一個高密度不發光的天體，幾乎只可能是黑洞。

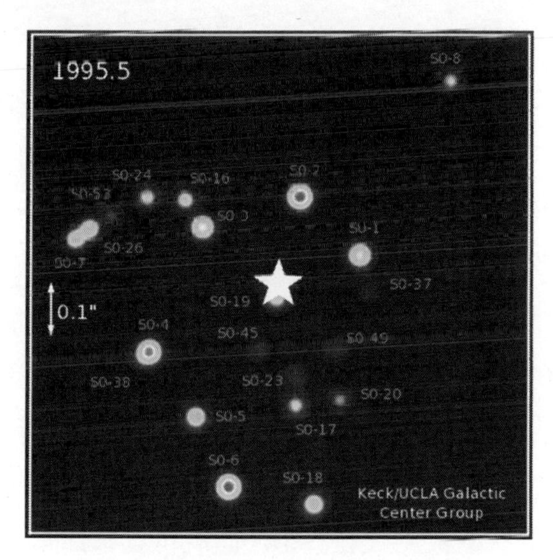

圖 2.25　恆星繞人馬座 A 運動的軌跡

看見黑洞的第二個途徑：黑洞「吃東西」會發射出 X 射線

根據角動量守恆原理，在物質逐漸靠近並被吸入黑洞的過程中，物質（比如一顆恆星）會被黑洞的巨大重力撕扯成氣體，並在黑洞視界的外圍形成一個旋轉的氣體吸積盤，其中的氣體一邊旋轉一邊向視界靠近，最終被吸入黑洞（見圖 2.26）。

圖 2.26　黑洞「吞吃」恆星的過程黑洞吸積盤中氣體的轉速很高，而且越靠近視界速度就越快，高速氣體之間的剪切摩擦會產生大量的熱量，使吸積盤中心部分氣體的溫度達到驚人的高度並發出高強度的 X 射線。

任何物體都有不斷向外輻射無線電磁波（熱輻射）的本領，物體溫度越高，輻射的電磁波波長越短。人體發出的熱輻射位於紅外波長，這是紅外夜視儀工作的基礎。而溫度極高的黑洞吸積盤的熱輻射波長極短，為 X 射線。那麼，透過對吸積盤所發射 X 射線的觀測，我們是不是就可以看到黑洞？

答案是肯定的。我們可以捕捉到來自天體的 X 射線（見圖 2.27），並由此推斷黑洞的存在。

圖 2.27　NASA 觀測到的來自黑洞的 X 射線

實際上，我們看到的也只是黑洞吸積盤的光學圖像（4 月 10 日公布的黑洞照片）。而那個「甜甜圈」中間的部分，就是我們夢寐以求的黑洞。

看見黑洞的第三途徑：黑洞和可見恆星的雙星系統

這個可以算是前兩種辦法的集合體。當黑洞和可見的恆星組成雙星系統，彼此繞行，前面講過的兩種現象將同時發生：我們可以看到恆星圍繞黑洞的運動軌跡，也可以看到恆星物質週期性被吸入黑洞而產生的吸積盤 X 射線。

事實上，天文學上的第一個「黑洞有效候選人」天鵝座 X-1 就是透過這種方式，在 1972 年被觀測到的（見圖 2.28）。

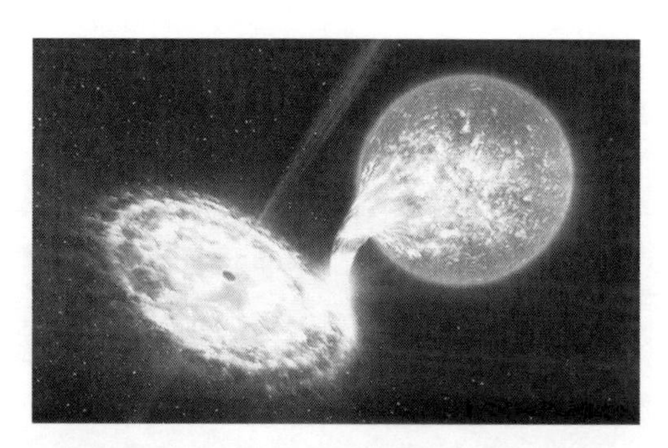

圖 2.28　黑洞和可見恆星的雙星系統

看見黑洞的第四個途徑：觀測兩個黑洞合併產生的重力波

2016 年 2 月 11 日，LIGO 科學合作組織和 Virgo 團隊宣布它們利用高級 LIGO 探測器（雷射干涉重力波天文臺）首次探測到了重力波訊號。

而 LIGO 探測到的重力波訊號，來自於兩個黑洞的融合，是兩個「宇宙惡魔」彼此激起的空間震顫（見圖 2.29）。來自 LIGO 的重力波信號，不僅是廣義相對論的最直接證據，也是「黑洞存在」迄今為止的最有力證據。

圖 2.29　超級電腦模擬的兩個黑洞合併產生的重力波

2.3.2 如果黑洞靠近地球

在宇宙中，有無數的黑洞隱藏在不同的區域，據推測，僅僅是我們銀河系，就至少有幾百萬個黑洞。這麼多的黑洞，會不會哪一天其中一個就流竄到太陽系附近呢？

如果它們真的能夠流竄到太陽系周邊，可以想像，這對於我們來說絕對是毀滅性的災難，沒有任何反抗的餘地。好在宇宙的空間是如此之大，即使是上百萬個黑洞也分布得非常稀疏，我們不太可能與黑洞遭遇。那麼，假設黑洞真的靠近地球，我們會看到什麼呢？

首先，我們的大氣會首當其衝，遭受到滅頂之災。黑洞的引力太過強大，直接剝奪走地球的大氣。地球表面所有的空氣會形成一個超級龍捲風，攜帶著巨大的能量，全部湧入黑洞之中（見圖 2.30）。

當然，我們也會被風裹挾著飛進黑洞。假設有一個有超能力的人，不但不會被黑洞吸走，而且不需要呼吸，在沒有空氣的地球上還能生存。那麼，他接下來會看到什麼呢？

圖 2.30　假如黑洞靠近地球

當黑洞的引力越來越強，連地表也都無法承受黑洞的引力，地面開始撕裂，岩漿開始噴發。當所有的物體都被吸進去後，這位超人也難逃厄運，被吸向黑洞。

我們知道，一個物體受到另一個物體的萬有引力大小，與距離有關。由於黑洞的引力太過於巨大，即使是人，頭和腳受到的引力也會有巨大的差別。在這樣的條件下，這個人會被拉得很長，而且離得越近，拉得越長，人變得比一根麵條還要細。

在他進入黑洞視界範圍以內之前，他看到的將是一片漆黑。當他越過視界範圍的邊界那一瞬間，他的本質也會發生變化。

最終，在黑洞的奇異點內，這個人被徹底「分解」，完全消失，轉化為能量，儲存在奇異點中，等待著黑洞的霍金輻射回到宇宙空間，或者等到奇異點大霹靂時成為新天體的養料。

那麼，如果黑洞靠近地球，人類該怎麼辦？這個問題雖說有點「調侃」，但是，在科學的基礎上，發揮一下想像力也是可以的。

採取什麼方法，這取決於黑洞的質量和速度。

- **方法 1：什麼也不做**

如果黑洞不是太大（宇宙中有許多的微型黑洞），比如它的質量小於地球的 1%，那麼人類還有很好的生存機會。假設它以 200 公里／秒的速度行駛，其質量為地球的 1%，並直接與地球碰撞。當這個黑洞接近地球時，你會感覺到重力方向的微小變化。取決於黑洞到達地球時你在地球上的位置，除非靠近的地方，否則你不需要將任何東西栓到地面上。

但是，你肯定不想它過於接近或進入地球的路徑。在 630 公里左右的範圍（地球半徑為 6,378 公里），都會感受到來自黑洞的 1g 大小的拉力。在 315 公里內，拉力將達到 4g。但持續時間只有 2 ～ 4 秒。所有的東西都必須用螺栓固定住。距離 150 公里處的地方將遭到大規模破壞，在 50 公里範圍內會遭到徹底破壞。但是，如果黑洞更大並且行進速度更慢，那麼破壞會成倍地增加。當一個有地球質量 10% 的黑洞，以 50 公里／秒的速度行進時，將徹底毀滅一切（見圖 2.31）。

圖 2.31　黑洞將徹底毀滅一切

- **方法 2：使黑洞從其軌跡偏移**

  有人設想，可以發射一個高動量的大量離子流，它將以垂直於黑洞軌道的角度進入事件視界。如果這個黑洞不太大，這將使黑洞從其軌跡偏移。不過這需要很長時間才能完成，黑洞早期的微小推動會導致幾十年後的軌道偏離。

- **方法 3：推動地球偏離現在的軌道**。

  只需要將地球的軌道推出幾千公里（取決於黑洞的質量）。推動地球需要建立大量的氫融合火箭，巨大的離子推進器。不過這也需要大量的時間才能完成。

  但是，如果黑洞非常大，有一個太陽質量那麼大或者更大，那麼你需要距離它 1 億公里以上，否則它會嚴重地破壞地球的軌道，使得氣候遭到破壞。

· **方法 4：星際移民**

未來可能會使用的一種方式。當地球不能夠支持人類的生存或者地球受到威脅時。我們可以移居到火星或其他外星球上。這一切都必須建立在人類科技十分發達的基礎上。

2.3.3 十大奇異黑洞

黑洞是宇宙中最為強大和最為神祕的天體之一。NASA 對一系列令人驚異的黑洞圖片進行了彙編整理，刊登了 10 幅黑洞圖片。

超大質量黑洞的產生

超大質量黑洞（見圖 2.32）一般產生於大星系的中心，那裡的恆星密度很大。一般恆星之間的平均間距為 1 光年（其他區域是 4 光年），有許多死亡了的恆星，號稱是「恆星墳場」。

圖 2.32 這幅照片由錢德拉 X 射線望遠鏡拍攝，
展示了半人馬座 A 星系內一個超大質量黑洞產生的影響

雙黑洞

照片同樣由錢德拉望遠鏡拍攝，展示了 M82 星系。這個星系擁有兩個明亮的 X 射線源。NASA 認為照片中的這些點可能就是兩個超大質量黑洞的「出發點」（見圖 2.33）。研究人員認為黑洞在恆星耗盡燃料，燃燒殆盡後形成，自身的引力導致恆星塌陷並發生爆炸。恆星物質塌陷後的密度無限大，形成一個終極時空曲線。

圖 2.33　照片中的這些點可能就是兩個超大質量黑洞的「出發點」

嬰兒黑洞出生

NASA 宣布，它們第一次觀測到附近一個星系內發生的黑洞「誕生」過程。這個黑洞由爆炸的恆星形成。這個「嬰兒」黑洞位於 M100 星系，距地球大約 5,000 萬光年。這一發現讓宇航局陷入興奮之中，因為它們終於知道了一個黑洞的「出生日期」（見圖 2.34），進而讓科學家對黑洞的研究達到一個前所未有的程度。

圖 2.34 嬰兒黑洞

黑洞「對撞」

借助於愛因斯坦相對論確定的證據，科學家認為黑洞一定存在。專家們利用愛因斯坦對引力的認識得出黑洞擁有驚人引力這一結論。圖 2.35 所用的數據來自於錢德拉 X 射線望遠鏡的觀測以及哈伯太空望遠鏡拍攝的一系列照片。NASA 認為圖片中的兩個黑洞相互旋向對方，這種狀況已經存在了 30 年。它們將最終合併成一個更大的黑洞。

圖 2.35　頭碰頭

宇宙探照燈

M87 星系向外噴無線電子流（見圖 2.36），電子流由一個黑洞（就是 2019 年 4 月 10 日的那個「甜甜圈」）提供能量。這些亞原子粒子以接近光速的速度移動，說明星系中央存在一個超大質量黑洞。超大質量黑洞是星系內質量最大的黑洞，M87 星系的黑洞據信已經吞噬了相當於 20 億顆太陽的物質。

圖 2.36 宇宙探照燈

彈弓效應

NASA 認為圖 2.37 展示了存在一個被彈回的黑洞的證據，由兩個超大質量黑洞彼此相撞形成一個系統所致。這個系統擁有 3 個黑洞，產生所謂的「彈弓效應」。以超新星的形式爆炸時，恆星會留下一個巨大的殘餘並逐漸塌陷。這種塌陷意味著它們的體積越來越小，但密度不斷增加，達到無限大，最終成為黑洞。

圖 2.37　彈弓效應

拖曳恆星氣體

示意圖，一個黑洞正在拖曳附近恆星的氣體（見圖 2.38）。黑洞之所以呈黑色是因為巨大的引力吞噬了光線。它們並不可見，研究人員需要找到相關證據，證明它們的存在。

圖 2.38　拖曳恆星氣體

類星體

示意圖，展示了一個類星體（見圖 2.39）。這個類星體位於一個星系中央，是一個超大質量黑洞，四周被旋轉的物質環繞。類星體是處於早期階段的黑洞，可能存在了數十億年之久。它們據信在宇宙古代形成。由於被物質遮住，發現類星體並非易事。

圖 2.39　類星體

萬花筒般的色彩

一幅假色圖片（見圖 2.40），所用數據來自於 NASA 的史匹哲和哈伯望遠鏡，一個超大質量黑洞正向外噴射巨大的粒子噴流。這個噴流的長度達到 10 萬光年，體積相當於我們的銀河系。萬花筒般的色彩說明噴流擁有不同的光波。人馬座 A 星系中央存在一個超大質量黑洞，質量相當於 40 億顆太陽。

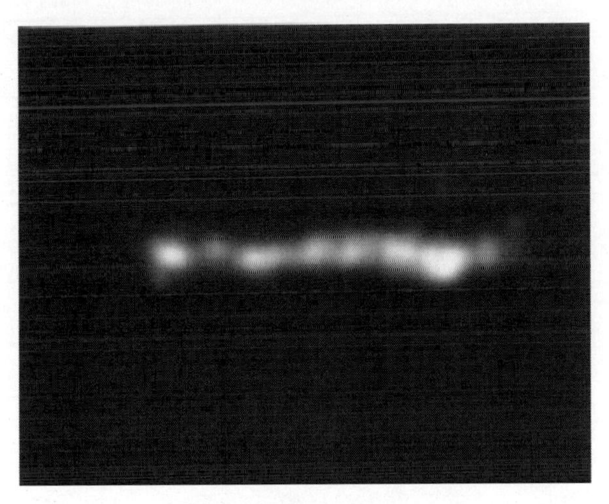

圖 2.40　萬花筒般的色彩

微類星體

圖 2.41 展示了一個微類星體。微類星體據信是質量與恆星相當的小黑洞。如果掉入這個黑洞，你能夠穿過黑洞的邊界，也就是事件視界。即使尚未被巨大的引力碾碎，你也無法從這個黑洞的後部穿出，逃出生天。等待你的將是無邊無際的黑暗，任何人也看不到你。黑洞之旅將是一個致命的旅程。如果一個人膽敢進入黑洞，他／她最終將被可怕的引力撕裂。

圖 2.41　微類星體

第3章　星雲

許多人會問：黑洞「吸食」一切，那進去之後會怎樣？變成了什麼？會變成輻射、會最後「蒸發」、會「爆炸」成為塵埃。是的，變成塵埃、氣體，天文學中稱之為「星際間物質」。所以，黑洞看上去是宇宙一切天體的墳墓，但是，它變成星雲之後，就成了一切天體重生的「原料物」。

要想明白這是一個怎樣的宇宙「輪迴」，我們要從1960年代天文學的四大發現講起，說說微波背景輻射、類星體、脈衝星和星際分子的發現；然後看看星雲是如何發展成恆星、星系，以至於黑洞的；最後介紹星雲「構造」的宇宙。

3.1　20 世紀天文學的四大發現

1960 年代天文學的一系列發現和所取得的進展中，有 4 項被認為特別重要，它們是：星際分子、類星體、微波背景輻射和脈衝星。它們被譽為是 1960 年代中的四大天文發現。這四大發現都是透過無線電天文手段和方法獲得的。其中的兩項，即微波背景輻射和脈衝星，發現者後來都獲得了諾貝爾物理學獎金。

3.1.1　微波背景中的幸運星——「小綠人」

大霹靂理論的第一個證據是宇宙微波背景輻射。宇宙微波背景輻射（又稱 3K 背景輻射）是一種充滿整個宇宙的電磁輻射。特徵和熱力學溫標 2.725K 的黑體輻射相同。頻率屬於微波範圍。

托爾曼 (Richard Tolman) 是第一個提到有關宇宙背景輻射基礎知識的人。1934 年，他發現在宇宙中的輻射溫度和輻射光子的頻率都會隨著時間的演化而改變，但當將兩者一起在光譜範圍裡考慮時，兩者的變化會抵消掉，最後會以黑體輻射的形式保留下來。但他只是注意到了輻射中溫度和光子頻率之間的關係，沒有提到宇宙的背景輻射。

1948 年，伽莫夫帶領的團隊估算出，如果宇宙最初的溫度約為十億度，則會殘留有 5~10K 的黑體輻射。然而這個工作並沒有被引起重視。

1964 年，蘇聯的澤爾多維奇、英國的霍伊爾、泰勒、美國的皮伯斯等人的研究預言，宇宙應當殘留有溫度為幾開的背景輻射，並且在公分波段上應該是可以觀測到的，從而重新引起了學術界對背景輻射的重視。美國的狄克（Robert Dicke）、勞爾（Peter Roll）、威爾金森（David Wilkinson）等人也開始著手製造一種低雜訊的天線來探測這種輻射，然而，卻是另外兩個美國人無意中先於他們發現了背景輻射。

「意外的」發現

1964 年，美國貝爾實驗室的工程師彭齊亞斯和威爾遜架設了一臺喇叭形狀的天線（見圖 3.1），用以接收「回聲」衛星的信號。為了檢測這臺天線的性能，他們將天線對準天空方向進行測量。他們發現，在波長為 7.35cm 的地方一直有一個各向同性的訊號存在，這個訊號既沒有週日的變化，也沒有季節的變化，因而可以判定與地球的公轉和自轉無關。

圖 3.1　彭齊亞斯和威爾遜與他們的喇叭形狀的天線合影

起初他們懷疑這個訊號來源於天線系統本身。1965 年初，他們對天線進行了徹底檢查，清除了天線上的鴿子窩和鳥糞，然而雜訊仍然存在。於是他們在《天體物理學報》上以《在 4,080 兆赫上額外天線溫度的測量》為題發表論文正式宣布了這個發現。

緊接著狄克、皮伯斯、勞爾和威爾金森在同一雜誌上以《宇宙黑體輻射》為標題發表了一篇論文，對這個發現給出了正確的解釋：即這個額外的輻射就是宇宙微波背景輻射。這個黑體輻射對應到一個 3K 的溫度。之後在觀測其他波長的背景輻射推斷出溫度約為 2.7K。

宇宙背景輻射的發現在近代天文學上具有非常重要的意

義，它是大霹靂宇宙理論的第一個有力的證據，並且與類星體、脈衝星、星際有機分子一道，並稱為 1960 年代天文學「四大發現」。彭齊亞斯和威爾遜也因發現了宇宙微波背景輻射而獲得 1978 年的諾貝爾物理學獎。

後來人們在不同波段上對微波背景輻射做了大量的測量和詳細的研究，發現它在一個相當寬的波段範圍內良好地符合黑體輻射譜，並且在整個天空上是高度各向同性的，是一個宇宙背景的輻射殘留。

微波背景探測衛星

根據 1989 年 11 月升空的微波背景探測衛星（COBE, Cosmic Background Explorer）測量到的結果，宇宙微波背景輻射譜非常精確地符合溫度為（2.726±0.010）K 的黑體輻射譜，證實了銀河系相對於背景輻射有一個相對的運動速度，並且還驗證，扣除掉這個速度對測量結果帶來的影響，以及銀河系內物質輻射的干擾，宇宙背景輻射具有高度各向同性，溫度漲落的幅度只有大約百萬分之五。目前公認的理論認為，這個溫度漲落起源於宇宙在形成初期極小尺度上的量子漲落，它隨著宇宙的暴漲而放大到宇宙學的尺度上，並且正是由於溫度的漲落，造成宇宙物質分布的不均勻性，最終得以形成諸如星系團等的一類大尺度結構。

威爾金森微波各向異性探測器（WMAP）的發現

2003年，美國發射的威爾金森微波各向異性探測器對宇宙微波背景輻射在不同方向上的漲落的測量表明，宇宙的年齡是（137±1）億年，在宇宙的組成成分中，4%是一般物質，23%是暗物質，73%是暗能量。宇宙目前的膨脹速度是71公里每秒每百萬秒差距，宇宙空間是近乎於平直的，它經歷過暴漲的過程，並且會一直膨脹下去。

脈衝星的發現很具有故事性、戲劇性，開始天文學家把他們與「外星人」連繫了起來，稱他們為「小綠人」，他們正在向地球人發訊號……實際上，他們是一種極具特性的天體，是大質量恆星走向滅亡的一個重要階段，為天文學家研究黑洞等極端天體提供了很好的現實資料，所以，他們是天文學家的「幸運星」。

脈衝星（Pulsar），又稱波霎，是中子星的一種，為會週期性發射脈衝信號的星體。

人們最早認為恆星是永遠不變的。而大多數恆星的變化過程非常漫長，人們也根本察覺不到。然而，並不是所有的恆星都那麼平靜。後來人們發現，有些恆星也很「調皮」，變化多端。於是，就給那些喜歡變化的恆星起了個專門的名字，叫「變星」。

1. **小綠人一號**

脈衝星，就是變星的一種。脈衝星是在 1967 年首次被發現的。當時，還是一名女研究生的貝爾（Jocelyn Bell），發現狐狸星座有一顆星發出一種週期性的電波。經過仔細分析，科學家認為這是一種未知的天體。因為這種星體不斷地發出電磁脈衝訊號，人們就把它命名為脈衝星。

脈衝星發射的無線電脈衝的週期性非常有規律。一開始，人們對此很困惑，甚至曾想到這可能是外星人在向我們發電報聯繫。據說，第一顆脈衝星就曾被叫做「小綠人一號」（Little Green One）。

經過幾位天文學家一年的努力，終於證實，脈衝星就是正在快速自轉的中子星。而且，正是由於它的快速自轉而發出無線電脈衝。

正如地球有磁場一樣，恆星也有磁場；也正如地球在自轉一樣，恆星也都在自轉著；還跟地球一樣，恆星的磁場方向不一定跟自轉軸在同一直線上。這樣，每當恆星自轉一週，它的磁場就會在空間畫一個圓，而且可能掃過地球一次（見圖 3.2）。

那麼豈不是所有恆星都能發出脈衝了，其實不然，要發出像脈衝星那樣的無線電訊號，需要很強的磁場。而只有體積越小、質量越大的恆星，它的磁場才越強。而中子星正是這樣高密度的恆星。

另一方面，當恆星體積越大、質量越大，它的自轉週期就越長。我們很熟悉的地球自轉一週要 24 小時。而脈衝星的自轉週期竟然小到 0.0014 秒，要達到這個速度，連白矮星都不行。這同樣說明，只有高速旋轉的中子星，才可能扮演脈衝星的角色。

這個結論引起了巨大的轟動。因為雖然早在 1930 年代，中子星就作為假說被提了出來，但是一直沒有得到證實，人們也不曾觀測到中子星的存在。而且因為理論預言的中子星密度大得超出了人們的想像，在當時，人們還普遍對這個假說抱懷疑的態度。

直到脈衝星被發現後，經過計算，它的脈衝強度和頻率只有像中子星那樣體積小、密度大、質量大的星體才能達到。這樣，中子星才真正由假說成為事實。

脈衝星是 1960 年代天文的四大發現之一。至今，脈衝星已被我們找到了不少於 1,620 多顆，並且已被證實它們就是高速自轉著的中子星。

圖 3.2　蟹狀星雲中央就有一顆脈衝星發出強烈的 X 射線輻射

2. 宇宙中的「燈塔」

脈衝星有個奇異的特性—短而穩的脈衝週期。所謂脈衝就是像人的脈搏一樣，一下一下出現短促的無線電訊號，如貝爾發現的第一顆脈衝星，每兩脈衝間隔時間是 1.337 秒，其他脈衝還有短到 0.0014 秒（編號為 PSR-J1748-2446）的，最長的也不過 11.765735 秒（編號為 PSR-J1841-0456）。那麼，這樣有規則的脈衝究竟是怎樣產生的呢？

天文學家已經探測、研究得出結論，脈衝的形成是由於脈衝星的高速自轉。那為什麼自轉能形成脈衝呢？原理就像我們乘坐輪船在海裡航行，看到過的燈塔一樣。設想一座燈塔總是亮著且在不停地有規則運動，燈塔每轉一圈，由它窗口射出的燈光就射到我們的船上一次。不斷旋轉，在我們看來，燈塔的光就連續地一明一滅。脈衝星也是一樣，當它每自轉一週，我們就接收到一次它輻射的電磁波，於是就形成一斷一續的脈衝。脈衝這種現象，也就叫「燈塔效應」。脈衝的週期其實就是脈衝星的自轉週期。

然而燈塔的光只能從窗口射出來，是不是說脈衝星的脈衝也只能從某個「窗口」射出來呢？正是這樣，脈衝星就是中子星，而中子星與其他星體（如太陽）發光不一樣，太陽表面各處都發亮，中子星則只有兩個相對著的小區域才有波束輻射出來，其他地方輻射是跑不出來的。即是說中子星表面只有兩個亮斑，別處都是暗的。這是什麼原因呢？原來，中子星本身存在著極大的磁場，強磁場把輻射封閉起來，使中子星輻射只能沿著磁軸方向，從兩個磁極區出來，這兩磁極區就是中子星的「窗口」（見圖 3.3）。中子星的輻射從兩個「窗口」出來後，在空中傳播，形成兩個圓錐形的輻射束。若地球剛好在這束輻射的方向上，我們就能接收到輻射，且每轉一圈，這束輻射就掃過地球一次，也就形成我們接收到的有規則的脈衝訊號。

實際上，脈衝星並非或明或暗。它們發射出恆定的能量流。這一能量匯聚成一束電磁粒子流，從星體的磁極以光速噴射出來。中子星的磁軸與旋轉軸之間成一定角度，這與在地球上，磁北和真北的地理位置略有不同一樣。星體旋轉時，這一能量束就像燈塔的光束或救護車警示燈一樣，掃過太空。只有當此能量束直接照射到地球時，我們才能用無線電望遠鏡探測到脈衝星。

即使脈衝星發出的光在可見光譜內，但由於它們實在太小，離我們又很遠，所以我們無法探測到這種可見光。我們只能用無線電望遠鏡探測它們發射出的強大的高頻無線電能量。

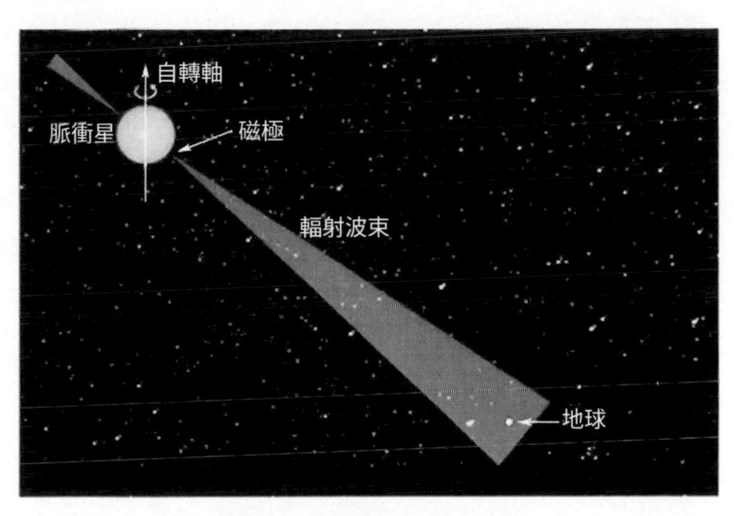

圖 3.3　脈衝星的燈塔模型

3. **脈衝星的特徵**

恆星在演化末期，缺乏繼續燃燒所需要的核反應原料，內部輻射壓降低，由於其自身的重力作用逐漸塌縮。質量不夠大（約數倍太陽質量）的恆星塌縮後依靠電子簡併壓力與重力相抗衡，成為白矮星，而在質量比這還大的恆星裡面，電子被壓入原子核，形成中子，這時候恆星依靠中子的簡併壓力與重力保持平衡，這就是中子星。典型中子星的半徑只有幾公里到十幾公里，質量卻在 1 ～ 2 倍太陽質量之間，因此其密度可以達到每立方公分上億噸。

由於恆星在塌縮的時候角動量守恆，塌縮成半徑很小的中子星後自轉速度往往非常快。又因為恆星磁場的磁軸與自轉軸通常不平行，有的夾角甚至達到 90 度，而電磁波只能從磁極的位置發射出來，形成圓錐形的輻射區。

脈衝星靠消耗自轉能而彌補輻射出去的能量，因而自轉會逐漸放慢。但是這種變慢非常緩慢，以至於訊號週期的精確度能夠超過原子鐘。而從脈衝星的週期就可以推測出其年齡的大小，週期越短的脈衝星越年輕。脈衝星的特徵除高速自轉外，還具有極強的磁場，電子從磁極射出，輻射具有很強的方向性。由於脈衝星的自轉軸和它的磁軸不重合，在自轉中，當輻射向著觀測者時，觀測者就接收到了脈衝。

4. **脈衝星是「死亡之星」還是「幸運之星」**

脈衝星被認為是「死亡之星」，是恆星在超新星階段爆發後的產物。脈衝星也是「幸運之星」，因為它像一個為我們指路的燈塔一樣，為我們「照亮」了宇宙。

超新星爆發之後，就只剩下了一個「核」，僅有幾十公里大小，它的旋轉速度很快，有的甚至可以達到每秒 714 圈。在旋轉過程中，它的磁場會使它形成強烈的電磁波向外界輻射，脈衝星就像是宇宙中的燈塔，源源不斷地向外界發無線電磁波，這種電磁波是間歇性的，而且有著很強的規律性。正是由於其強烈的規律性，脈衝星被認為是宇宙中最精確的時鐘。

脈衝星的存在是過去人們沒有預料到的，它的性質如此奇特，以至於人們在對它的認識過程中產生了很多故事。

5. **發現了，我們不再孤單**

脈衝星剛被發現的時候，人們以為那是外星人向我們發射的電磁波，我們在宇宙中找到知音了！

1967 年，英國劍橋新建造了無線電望遠鏡，這是一種新型的望遠鏡，它的作用是觀測無線電輻射受行星際物質的影響。整個裝置不能移動，只能依靠各天體的週日運動進入望遠鏡的視場而進行逐條掃描。在觀測的過程中，專案負責人休伊什（Antony Hewish）的博士研究生貝爾小姐發現了一系列的奇怪的脈衝，這些脈衝的時間間距精確相等。貝爾小姐立刻把這個消息報告給她的導師休伊什，休伊什認為這是受到了地球上某種電波的影響。但是，第二天，也是同一時間，也是同一個天區，那個神祕的脈衝訊號再次出現。這一次可以證明，這個奇怪的訊號不是來自於地球，它確實是來自於天外。接下來，貝爾又找出了另外3個類似的源，所以排除了外星人訊號，因為不可能有三個「小綠人」在不同方向、同時向地球發射穩定頻率訊號。再經過認真仔細研究，1968年2月，貝爾和休伊什聯名在英國《自然》雜誌上報告了新型天體—脈衝星的發現，並認為脈衝星就是物理學家預言的超級緻密的、接近黑洞的奇異天體，其半徑大約10公里，其密度相當於將整個太陽壓縮到市區的範圍，因此具有超強的重力場。乒乓球大小的脈衝星物質相當於地球上一座山的重量。這是20世紀激動人心的重大發現，為人類探索自然開闢了新的領域。

1974年，這項新發現獲得了諾貝爾物理學獎，獎項頒給了休伊什，以獎勵他所領導的研究小組發現了脈衝星。令人遺憾的是，脈衝星的直接發現者，貝爾小姐不在獲獎人員之列。事實上，在脈衝星的發現中，起關鍵作用的應該是貝爾小姐的嚴謹的科學態度和極度細心的觀測。

6. **脈衝雙星和雙脈衝星**

赫爾斯也是個研究生，他被當作泰勒的助手派往波多黎各的阿雷西博天文臺，用大無線電望遠鏡觀測脈衝星，那是當時最好的無線電望遠鏡，也許正是使用了這個望遠鏡的原因，他發現了一種奇怪的電波，這個時候距離第一顆脈衝星的發現僅僅過了七年，人們對脈衝星的了解還很膚淺，當時赫爾斯還不能立刻確信他所看到的週期變化就是事實，經過反覆觀測後，他才確定該系統是雙體。他把這個消息告訴泰勒，泰勒立刻趕往阿雷西博，他們進一步研究後認為這是一個脈衝雙星，並且一起確定了雙星的週期和兩顆天體之間的距離。於是，第一顆脈衝雙星就這樣被發現了，這個發現在 1993 年被授予諾貝爾獎，這樣有關脈衝星的發現就有了兩項諾貝爾獎。

2003 年 12 月，《自然》雜誌上的一篇研究報告宣布發現了脈衝星 PSR J0737-3039，與看起來像是一顆中子星的恆星成對出現。一個月後，當來自澳洲帕克斯天文望遠鏡的數據被重新分析時，研究人員發現該中子星實際上也是一顆脈衝星。所以這是第一個被發現的雙脈衝星體系（見圖 3.4），現在的名稱是 PSR J0737-3039 A/B。

脈衝雙星與雙脈衝星是有區別的。在脈衝雙星系統中，一個脈衝星與另外一個非脈衝星（可以是中子星、白矮星，甚至是普通的主序星）相伴。在雙脈衝星系統中，必須是兩個脈衝星相伴。目前，已經發現的脈衝雙星系統有 120 個，而發現的雙脈衝星系統只有一個 PSRJ0737-3039A/B。

圖 3.4　雙脈衝星

7. **脈衝星的研究對人類的意義**

由於脈衝星是在塌縮的超新星的殘骸中被發現的，它們有助於我們了解星體塌縮時發生了什麼情況。還可透過對它們的研究揭示宇宙誕生和演變的奧祕。而且，隨著時間的推移，脈衝星的行為方式也會發生多種多樣的變化。

每顆脈衝星的週期並非恆定如一。我們能探測到的是中子星的旋轉能（電磁輻射的來源）。每當脈衝星發無線電磁輻射後，它就會失去一部分旋轉能，且轉速下降。透過月復一月、年復一年地測量它們的旋轉週期，我們可以精確地推斷出它們的轉速降低了多少、在演變過程中能量損失了多少，甚至還能夠推斷出在因轉速太低而無法發光之前，它們還能生存多長時間。

事實還證明，每顆脈衝星都有與眾不同之處。有些亮度極高；有些會發生星震，頃刻間使轉速陡增；有些在雙星軌道上有伴星；還有數十顆脈衝星轉速奇快（高達每秒鐘一千次）。每次新發現都會帶來一些新的、珍奇的資料，科學家可以利用這些資料幫助我們了解宇宙。

8. **著名的脈衝星 (PSR=Pulsar)**

人類發現的第一顆脈衝星：PSR1919+21，也就是貝爾小姐發現的那顆脈衝星，位於狐狸座方向，週期為1.33730119227秒；

人類發現的第一顆脈衝雙星：PSR B1913+16；

人類發現的第一顆毫秒脈衝星：PSR B1913+16；

人類發現的第一顆帶有行星系統的脈衝星：PSR B1257+12；

人類發現的第一顆雙脈衝星系統：PSRJ0737，3039。

3.1.2　類星體和星際分子

宇宙中最早的天體是類星體嗎？天文學家是怎樣發現它們並命名的？它們有哪些奇特之處？天文學家給出的類星體存在的最新解釋是什麼？

類星體的發現及命名

1960 年代，天文學家在茫茫星海中發現了一種奇特的天體，從照片來看像恆星但肯定不是恆星，光譜似行星狀星雲但又不是星雲，發出的無線電（即無線電波）如星系又不是星系，因此稱它為「類星體」。

1960 年天文學家們發現了無線電源 3C 48 的光學對應體是一個視星等為 16 等的恆星狀天體，周圍有很暗的星雲狀物質。令人不解的是光譜中有幾條完全陌生的譜線。1962 年，又發現了在無線電源 3C 273 的位置上有一顆 13 等的「恆星」。使天文學家同樣困惑的是其光譜中的譜線也不尋常。

1963 年，終於有人認出了 3C 273 譜線的真面目，原來它們是氫原子的譜線，只不過經歷了很大的紅移，使得譜線不易辨認、驗證。循著紅移這條線索，再去分析 3C 48 的光譜，得出它的紅移量還要更大。設想紅移產生於都卜勒效應，那麼 3C 273 和 3C 48 都有很大的退化速度，分別達光速的 1/6 和 1/3。對於這種在光學照片上的形態像恆星，但是其本質又迥然不同的天體，天文學家把它們命名為類星無線電源。進一步的觀測和研究揭示了又一類天體，它們的形態也很像恆星，而且也有很大的紅移，但是沒有無線電輻射，被稱為無線電寧靜類星體。

類星體的特點

類星體的顯著特點是具有很大的紅移，表示它正以飛快的速度在遠離我們而去。類星體本來就離我們很遠，大約在幾十億光年以外，可能是目前所發現最遙遠的天體，天文學家能看到類星體，是因為它們以光、無線電波或 X 射線的形式發射出巨大的能量。

類星體是宇宙中最明亮的天體，它比正常星系亮 1,000 倍。對能量如此大的物體，類星體卻不可思議地小。與直徑大約為 10 萬光年的星系相比，類星體的直徑大約為 1 光天 (light-day)。一般天文學家相信有可能是物質被牽引到星系中心的超大質量黑洞中，因而釋放大量能量（噴發高能射線）所致。這些遙遠的類星體被認為是在早期星系尚未演化至較穩定的階段時，當物質被導入主星系中心的黑洞增添「燃料」而被「點亮」（見圖 3.5）。

由於類星體是一個難解的天體，它奇特的現象如紅移之謎，超光速的移動，它的能量來自哪裡，它在挑戰人類的既有物理觀念，它的解決，可能使我們對自然規律的認識向前跨一大步。

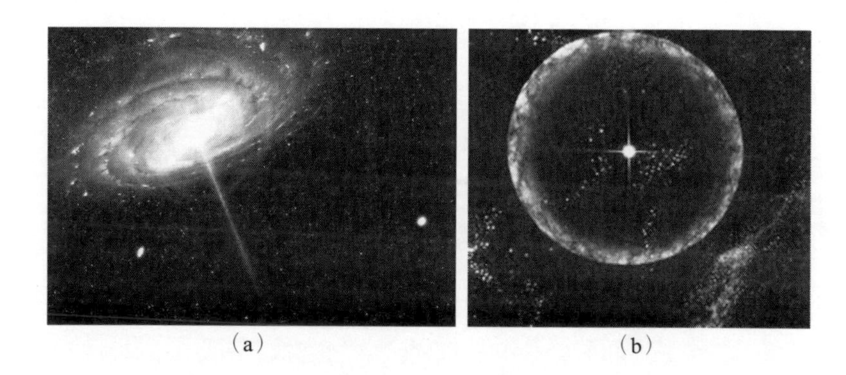

(a)　(b)

圖 3.5　類星體側面 (a) 和正面圖像 (b)

由「謎團」組成的類星體

它們的光學體很小（光學直徑 <1"），和恆星很難區別；

從帕洛馬天文臺 5m 望遠鏡所拍照片中顯示，它和恆星一樣，都只是一個光點；

它們有極亮（非比尋常的亮）的表面，在可見光及無線電波波段都有此特性。

它們的光譜是連續光譜及強烈的發射譜線。事實上，測得的類星體的光譜主要有三部分：由同步輻射造成的非熱性連續光譜；吸積作用造成極明亮的發射譜線；星際介質造成的吸收譜線。

它們的光譜呈現巨大的紅位移量。因此由哈伯定律推論，它們是極遠的藍色星系，可見光絕對亮度超過一般正常星系的 100 倍，而輻射波強度和 CygA（X 射線）星系相當。到此階段的探查，我們將之冠上類星體（Quasar）之名（或謂類星電波源 Quasistellar Radio Source）。

類星體的絕對星等 Mv 在 -2 ～ -33 等之間，這代表類星體是宇宙最亮的天體；它們是遙遠活躍星系的極亮核及西佛星系、N 星系及電波星系強烈活動的延續。這些星系的輪廓只有在最近的類星體 3C 273 的光學影像中被辨認出，呈現模糊、擴張、雲霧狀的斑點；通常星系被比它亮很多的核的光芒所掩過，而呈現類星體的現象。

類星體在照相底片上具有類似恆星的像，這意味著它們的角直徑小於 1。極少數類星體有微弱的星雲狀包層，如 3C 48。還有些類星體有噴流狀結構。

到底類星體是個什麼樣的天體呢？它的外形像恆星，光譜像西佛星系（一種 X 射線星系），輻射性質像無線電星系，而目前的認定是，它是宇宙在大霹靂後，最先形成的「星系」前身。無疑它是一種非常活躍的天體；如果宇宙紅移理論確實是對的，那類星體對於我們宇宙將扮演極重大的角色；它代表的是最遠、最古老的宇宙，因此能從側面反映整個宇宙的演化。也由於它極高的亮度及神祕的宇宙線，更是我們研究宇宙中介物質（介於我們和宇宙邊緣之間）的最佳利器。

最新解釋

類星體光度極高、距離極遠。越來越多的證據顯示，類星體實際是一類活動星系核（active galactic nuclei，AGN）。而普遍認可的一種活動星系核模型認為，在星系的核心位置有一個超大質量黑洞，在黑洞的強大引力作用下，附近的塵埃、氣體以及一部分恆星物質圍繞在黑洞周圍，形成了一個高速旋轉的巨大的吸積盤。在吸積盤內側靠近黑洞視界的地方，物質掉入黑洞裡，伴隨著巨大的能量輻射，形成了物質噴流。而強大的磁場又約束著這些物質噴流，使它們只能夠沿著磁軸的方向，通常是與吸積盤平面相垂直的方向高速噴出。如果這些噴流剛好對著觀察者，就能觀測到類星體。

宇宙間的一切物質都在運動中。遙遠的星系也在運動著，它們都在遠離我們而去。例如，室女座星系團正以大約每秒1,210公里的速度離開我們，后髮座星系團約以每秒6,700公里的速度離開我們，武仙座星系團約以每秒10,300公里的速度飛奔而去，而北冕座星系團離開我們的速度更快，大約每秒21,600公里。星系為什麼要離開我們？我們又是怎麼知道它們在運動呢？

在生活中我們都有這樣的經驗：在車站月臺上，一列火車呼嘯著向我們奔來，汽笛的聲調越來越高，當火車離開我們時，汽笛的聲調逐漸降低。這是什麼道理呢？1842年，奧地利物理學家都卜勒闡述了造成這種現象的原因：聲源相對於觀測者在運動時，觀測者所聽到的聲音會發生變化。當聲源離觀測者而去時，聲波的波長增加，音調變得低沉，當聲源接近觀測者時，聲波的波長減小，音調就變高。音調的變化同聲源與觀測者間的相對速度和聲速的比值有關。這一比值越大，改變就越顯著，之後人們把這種現象稱為「都卜勒效應」（見圖 3.6）。

圖 3.6　都卜勒效應之火車汽笛

都卜勒效應不僅適用於聲波，也適用於光波。一個高速運動的光源發出的光到達我們眼睛時，其波長和頻率也發生了變化，也就是說它的顏色會有所改變。雖然天文學家可以利用這一原理測量天體的運動，但是在一般情況下，天體相對於觀測者的運動速度與光速相比是微不足道的，因此光源顏色的變化很難測定。

星系是巨大的恆星集團，但由於它們離我們非常遙遠，每個星系往往只能在大型望遠鏡拍攝的底片上看到一個微弱的光點。第一個觀測和測定星系光譜的天文學家是美國的斯里弗。1912 ～ 1925 年，他拍攝了 40 個星系的光譜照片，除了兩個星系外，其餘都呈現波長偏長的都卜勒頻移，即向光譜的紅端位移（見圖 3.7），所測得的離去速度高得驚人，最高達每秒 5,700 公里。

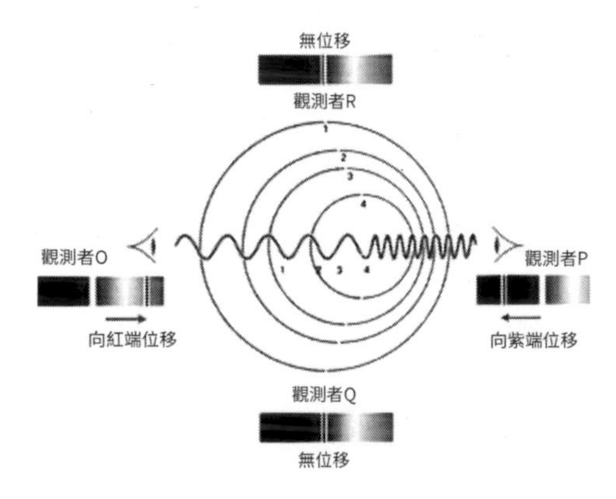

圖 3.7　光波的都卜勒位移

對星系視向速度的研究繼續進行著。天文學家發現，星系的譜線位移和恆星的譜線位移很不一樣。首先，恆星的譜線位移有紅移也有藍移，這反映恆星有的在遠離我們，有的在接近我們，而星系的譜線位移絕大多數是紅移，藍移的極少。其次，恆星的譜線位移不論是紅移還是藍移，一般在每秒數十公里左右，最大的不超過每秒兩三百公里，而星系的譜線紅移每秒 1,000 公里以下的只占少數，多數是每秒 2,000 ～ 3,000 公里，有的甚至達到每秒 1 萬公里。

1929 年，美國天文學家哈伯發現，在宇宙空間不僅幾乎所有的星系都具有譜線紅移現象，而且還存在著星系的紅移量與該星系的距離成正比的關係，也就是說，越遠的星系正在以越快的速度飛馳而去，這被稱為哈伯定律。

有了哈伯定律，天文學家透過觀測星系的譜線紅移量，求出星系的視向速度，進而得出它們的距離。例如，一個以每秒 1,700 公里的速度遠離我們而去的星系，其距離約 1 億光年；一個以每秒 17,000 公里的速度遠離我們而去的星系，其距離約 10 億光年。目前已觀測到的最遠星系，正以與光速相差無幾的速度遠離我們而去，其距離達 100 多億光年。

為什麼星系都在離我們而去呢？紅移的本質是什麼，為什麼會存在哈伯定律，這些問題已經爭論了半個多世紀了，但一直未能得到圓滿的解釋，因而成了天文學裡著名的難題之一。實際上，這一難題正是宇宙大霹靂理論的重要的觀測證據之一。

對星系普遍存在的譜線紅移的觀測和研究，有力地推動了以整個可觀測宇宙的結構、起源和演化為課題的現代宇宙學的迅速發展。由類星體具有較大的紅移值，距離很遙遠這一事實可以推想，人們所看到的類星體實際上是它們許多年以前的樣子，而類星體本身很可能是星系演化早期普遍經歷的一個階段。因此類星體對於研究星系的演化有重要的意義。

涉及生命起源的星際分子研究是個熱門話題。從 1963 年應用無線電天文方法檢測星際分子獲得成功以來，星際分子的研究有了很大的進展。星際分子源分布在星際空間中物理條件不同的各個區域，如銀心、氫離子區和中性氫區、星周邊物質、暗星雲、超新星遺蹟和紅外星的附近等。有些分子（如一氧化碳）分布很廣，可用來研究銀河系和其他星系的旋臂結構，但也有一些分子目前只在非常緻密的星雲中才能找到。位於氫離子區的著名的獵戶座 A 星雲是研究得最詳細的分子源之一（見圖 3.8），從中發現多種分子。在銀心方向的人馬座 A 和人馬座 B2 兩星雲是更豐富的分子源，從中幾乎能找到所有已發現的星際分子。

圖 3.8　位於獵戶座中的「馬頭」狀暗星雲

已發現的星際分子中，大部分是有機分子。還有一些是地球上沒有的天然樣品，甚至在實驗室中也很難穩定存在的分子。天文觀測還發現了不少星際分子的同位素分子。這是一種了解同位素豐度比的重要方法。多數星際分子不止看到一條譜線。有些星際分子的微波譜線在地球條件下也不易出現，這和天文光譜學的情形是相似的。

觀測星際分子的主要工具是無線電望遠鏡，絕大多數星際分子是靠分米至毫米波段的星際分子無線電譜線發現的。也有少數分子只觀測到它們的可見光和紫外、紅外波段的譜線。空間天文學的發展突破了大氣窗口的限制，我們能夠觀測到由於強烈的大氣吸收而在地面無法觀測到的紅外線、紫外線等波段的譜線。星際分子的研究對於天體演化學（如巨大的星雲塌縮成為恆星或星團的過程和正在「死亡」的星向星際空間拋射物質的過程）、銀河系結構、宇宙化學等學科都有重要意義。微波波段的分子譜線尤其適宜於研究緻密的、溫度很低的、不透明的星際雲。透過譜線觀測可以了解星雲在其各個發展階段中的許多物理、化學特性，諸如星雲的成分、形狀、密度、溫度、速度、運動狀況和同位素豐度比等。

關於星際分子的形成過程及其化學演化目前還不十分清楚，有由電離的原子（分子）碰撞形成和靠氣體雲中的塵粒幫助形成等說法。弄清這許多分子特別是有機分子的形成過程，以及它們跟地球上生命起源的關係，是天文學的一個新的分支——星際化學的重要課題。星際分子的發現有助於人類對星雲特性的深入了解，可以幫助揭開生命起源的奧祕。

3.2 宇宙的「基本元素」

我們已經「領略」了宇宙中各種各樣的天體，如果這時候問你：它們最初都是由什麼演化而來的？你可能會說，星系的基本構成是恆星；黑洞是由恆星塌縮而形成的；脈衝星、中子星也來源於恆星的爆發。那麼，新星、超新星、黑洞等爆發之後會成為什麼呢？答案是星雲 (Nebula)。恆星、星系都是從什麼演化而來的呢？答案也是星雲。

3.2.1 星雲、星系

它們都是銀河系之內的天體嗎？

星雲包含了除行星和彗星外的幾乎所有延展型天體，因為，一開始對它的定義就不是很明確。原因就是星雲也好，那些類似星雲的天體（比如星系）也好，在當時是無法被分辨的。星雲英語詞根的原意就是「雲」——一片模糊的東西。所以，一直以來我們有時將星系、各種星團及宇宙空間中各種類型的塵埃和氣體都稱為星雲。

最早發現並命名星雲的是法國的天文學家梅西耶 (Charles Messier)，他在巡天搜尋彗星的觀測中，突然發現一個在恆星間沒有位置變化的雲霧狀斑塊。梅西耶根據經驗判斷，這個斑塊形態類似彗星，但它在恆星之間沒有位置變化，顯然不是彗星。這是什麼天體呢？在沒有揭開答案之前，梅西耶將這類發現（截至 1784 年，共有 103 個）詳細地記錄下來。其中第一次發現的金牛座中雲霧狀斑塊被列為第一號，即 M1（著名的「蟹狀星雲」），「M」是梅西耶名字的縮寫字母。1871 他發表了包含 110 個星雲的梅西耶天體列表，其中有 40 個星系（星雲）。1800 年 W. 赫歇爾（William Herschel）發表了 2,500 個類似天體的星表。1864 年 W. 赫歇爾的兒子 J. 赫歇爾（John　Herschel）發表了一個星團和星雲總表，後來演變為包含 10,000 個以上星系（雲）的新的總表（NGC）。（現在星團或星系的名字都用 M 或 NGC 來表示，如 M31，NGC224）

無論是在梅西耶星表（M 星表）、還是在星團星雲總表（NGC）中，都是既有星雲也有星系。一是因為觀測無法區分星雲（系）的細節；更關鍵的，當時的天文學家都認為，那都是銀河系之內的天體，都是屬於銀河系的星雲團。直到哈伯發現了仙女座大星雲到我們的距離，遠遠超出銀河系的尺度之後，人們才意識到，很多星雲，其實是和我們的銀河系一樣的星系。

星系、河外星系、星系群、星系團、本超星系群

哈伯開闢了河外星系和大宇宙的研究，被譽為「星系天文學之父」。1990 年 4 月 24 日，美國「發現號」太空梭把一架大型天文望遠鏡送入環繞地球運動的軌道。這架「空間望遠

鏡」命名為「哈伯空間望遠鏡」，就是為了紀念這位著名天文學家。1926 年，哈伯根據星系的形狀等特徵，系統地提出星系分類法，這種方法一直沿用至今。他把星系分為三大類：橢圓星系、漩渦星系和不規則星系。漩渦星系又可分為正常漩渦星系和棒旋星系。除此之外，也還有其他分類。對星系分類，是研究星系物理特徵和演化規律的重要依據。

Hubble 分類法（按形態）：

- 橢圓星系 (Ellipticals)：圓形或橢圓形，亮度平滑分布；
- 漩渦星系 (Spirals)：中央核球加平坦的盤，有漩渦結構；
- 棒旋星系 (Barred-Spirals)：中央核球 + 棒 + 平坦的盤，有漩渦結構；
- 不規則星系 (Irregulars)：幾何形狀不規則。

Hubble 分類 —— 符號表示法（見圖 3.9)

- Ellipticals：E*n*, n=10(a-b)/a，a 為半長徑、b 為半短徑。n=0, 1, 2, 3, 4, 5, 6, 7。代表橢圓的扁平程度；
- Spirals：Sa, Sb, Sc（無棒）, SBa, SBb, SBc（有棒）；
- Irregular：IrrI, IrrII。
- 橢圓星系 (Elliptical)，質量是 $10^6 \sim 10^{13}M_{太陽}$，直徑 1 ~ 150kpc。其中恆星的運動比較隨機軌道離心率較大，沒有（或少量）氣體，沒有新的恆星形成發生也就是沒有年輕恆星，只有年老的恆星，沒有旋臂結構。典型的橢圓星系如：NGC3115、4406 等。

· 漩渦星系 (Spiral)，質量 $10^9 \sim 10^{11}M_{太陽}$，直徑 6 ～ 30kpc。氣體和恆星運動比較規則（整體），結構中有大量的冷氣體和塵埃存在，有旋臂結構，恆星形成仍然發生，尤其是在旋臂中。典型的漩渦星系如：銀河系、M31 仙女座大星雲等。

· 不規則星系 (Irregulars)，質量為 $10^8 \sim 10^{10}M_{太陽}$，直徑 2 ～ 9kpc。形狀非常沒有規律，氣體和塵埃多少不定，有恆星形成發生，有些可能有恆星形成爆發，同時具有年老和年輕的恆星。典型的不規則星系如：大麥哲倫星雲和小麥哲倫星雲。觀測統計表明，矮橢圓星系和矮不規則星系是宇宙中最豐富的天體。

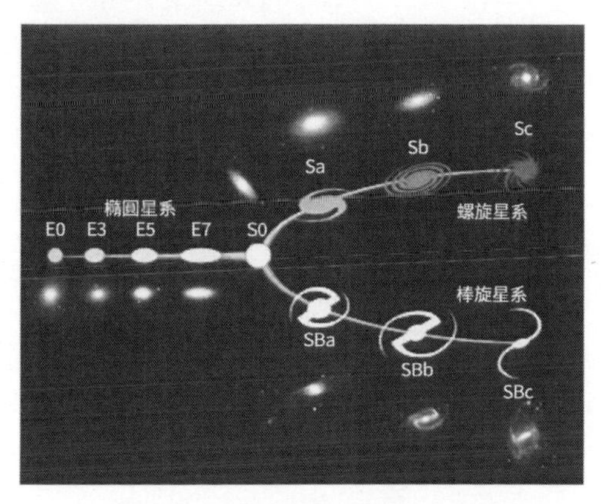

圖 3.9　河外星系的哈伯分類

目前我們觀測到的星系超過1,000億個以上。星系在天空上的分布從宇宙大尺度來看基本上是均勻的。即使在銀道面方向上由於氣體和塵埃的影響在光學波段上產生的隱帶中也在無線電波段發現了星系。最多的星系是不規則星系，其次是漩渦星系和橢圓星系。

星系的個體空間分布是不平滑的。從兩維分布和距離來看，星系有成團的傾向（萬有引力的作用）。絕大部分星系（至少85%以上）都是出現在星系團中的。結構比較鬆散，成員數目比較少的稱為星系群。組成沒有規則。如本星系群（見圖3.10和表3.1）——銀河系所在的星系團。大約由40個星系組成，是一個鬆散系統，星系間距離大於星系尺度。最亮的三個是漩渦星系：銀河系，M31（仙女大星雲），M33。其他的都是不規則星系（大部分）和橢圓星系（M32）。

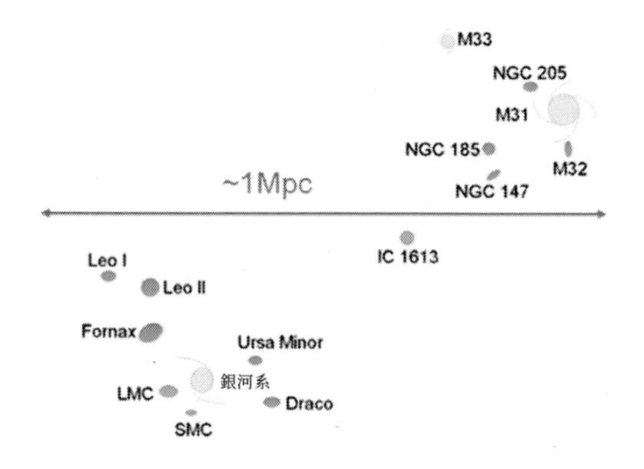

圖3.10　本星系群成員及其分布情況

表 3.1　本星系群成員特徵表

星系名稱	距離 （10^6 光年）	質量 （$10^9 M_{太陽}$）	所在星座及 星系類型
銀河系	—	1,000	SBbc
M31 仙女座大星雲	2.9	1,500	仙女座，Sb
M33 三角座星系	3.0，M31 的衛星系	25	三角座，Sc
LMC 大麥哲倫星雲	0.17，銀河系的衛星系	20	劍魚座， Irr/SB（s）m
SMC 小麥哲倫星雲	0.21，銀河系的衛星星系	6	杜鵑座， SB（s）m pec
M32	M31 的伴星系	30	仙女座，E2
IC1613 雙魚座矮星系	2.51，M33 衛星星系		雙魚座，Irr
M110（NGC 205）	2.9，M31 的衛星星系	36	仙女座，E6p
NGC 185	M31 的衛星星系		仙后座，dE3
NGC147（DDO 3）			仙后座，dE5
獅子座 I （Leo Ⅰ）	8.2，銀河系的衛星星系		獅子座，dE3
獅子座 II （Leo Ⅱ）	7.01，銀河系的衛星星系		獅子座，dE0
天爐座矮星系 （Fornax）	銀河系的衛星星系		天爐座， dSph/E2
小熊座矮星系 （Ursa Minor）	銀河系的衛星星系		小熊座，dE4
天龍座矮星系 （Draco）	銀河系的衛星星系		天龍座，dE0

星係數目很多，結構比較緊湊，形狀和組成有規則的稱為星系團，如：后髮座、室女座星系團。它們都由幾千個星系組成（見圖 3.11）。

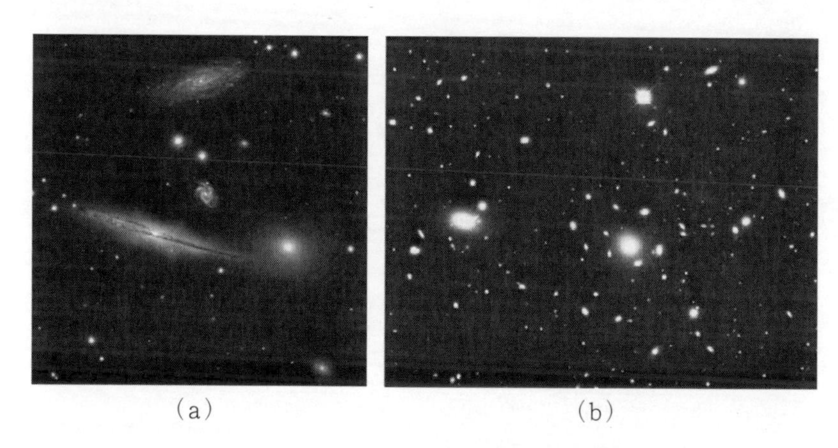

(a)　(b)

圖 3.11　室女座星系團和后髮座星系團

超星系團 (superclusters) 是由若干個星系團聚在一起形成的更高一級的天體系統，又稱二級星系團。通常，一個超星系團只包含幾個星系團。超星系團的存在說明宇宙空間的物質分布至少在 100 百萬秒差距的尺度上是不均勻的。1980 年代後，天文學家發現宇宙空間中有直徑達 1 億秒差距的星系很少的區域，稱為空洞。超星系團跟空洞交織在一起，構成了宇宙大尺度結構的基本圖像。本星系群所在的超星系團稱為本超星系團。較近的超星系團有武仙超星系團、北冕超星系團、巨蛇 —— 室女超星系團等。

星雲分類和著名的星雲

現在我們所說的星雲，更準確地說就是「星際物質」。宇宙空間，並不是一無所有、黑暗寂靜的真空，而是存在著各種各樣的物質。這些物質包括星際氣體、塵埃和粒子流等，成團之後被稱為星雲。

星際物質與天體的演化有著密切的聯繫。觀測證實，星際氣體主要由氫和氦兩種元素構成，這跟恆星的成分是一樣的。其實，恆星就是由星際氣體「凝結」而成的。星際塵埃是一些很小的固態物質，成分包括碳化合物、氧化物等。

星際物質在宇宙空間的分布並不均勻。在重力作用下，某些地方的氣體和塵埃可能相互吸引而密集起來，形成雲霧狀。人們把它們叫做「星雲」。按照形態，銀河系中的星雲可以分為瀰漫星雲、行星狀星雲等幾種。

跟恆星相比，星雲的質量更大、體積更大。一個普通星雲的質量至少相當於上千個太陽，半徑大約為 10 光年。但是，星雲的物質密度十分稀薄，每立方公分 10 ～ 100 個原子（事實上這比地球上的實驗室裡得到的真空還要低得多），主要成分是氫。根據理論推算，星雲的密度超過一定的限度，就要在重力作用下收縮，體積變小，逐漸聚集成團。一般認為恆星就是星雲在運動過程中，在重力作用下，收縮、聚集、演化而成的。恆星形成以後，又可以大量拋射物質到星際空間，成為星雲的一部分原材料。所以，恆星與星雲在一定條件下是可以互相轉化的。恆星也有自己的生命史，它們從誕生、成長到衰老，最終走向死亡。它們大小不同，色彩各異，演化的歷程也不盡相同。恆星與生命的聯繫不僅表現在它提供了光和熱。實際上構成行星和生命物質的重原子就是在某些恆星生命結束時發生的爆發過程中創造出來的。

星雲常根據它們的位置或形狀命名，例如：獵戶座大星雲、鷹狀星雲等。

1. 發射星雲：發射星雲是受到附近熾熱光亮的恆星激發而發光的，這些恆星所發出的紫外線會電離星雲內的氫氣（H II regions），令它們發光。在天空中有很多為人熟悉的發射星雲，如 M42 獵戶座大星雲（見圖 3.12），其目視星等為 4 等，肉眼可見。它距離我們 1,600 光年，而直徑為 30 光年。利用小口徑望遠鏡就能輕易看到氣狀的形態以及位於其中心部分的四合星（利用大口徑望遠鏡可看到六顆），這四合星是在獵戶座大星雲中心形成的。

圖 3.12　M42 獵戶座大星雲

2. 反射星雲：反射星雲與呈紅色的發射星雲不同，反射星雲是靠反射附近恆星的光線而發光的，呈藍色。反射星雲的光度較弱，較容易觀測到的例子是圍繞金牛座 M45 七姊妹星團（昴星團）的反射星雲（見圖 3.13），在透明度高及無月的晚上，利用望遠鏡便可看到整個星團是被淡藍色的星雲包裹著的。

圖 3.13　M45 七姊妹星團（昴星團）的反射星雲

3. 暗星雲：明亮的瀰漫星雲之所以明亮，是因為有一顆或幾顆亮恆星的照耀。如果氣體塵埃星雲附近沒有亮星，則星雲將是黑暗的，即為暗星雲。暗星雲由於它既不發光，也沒有光供它反射，但是將吸收和散射來自它後面的光線，因此可以在恆星密集的銀河中以及明亮的瀰漫星雲的襯托下被發現，和亮星雲沒有本質差別。著名的幾個暗星雲如南天的煤袋星雲（見圖 3.14）和北天獵戶座裡的馬頭星雲（B33）。馬頭星雲更被業餘的天文愛好者視為目視深空天體觀測之終極。

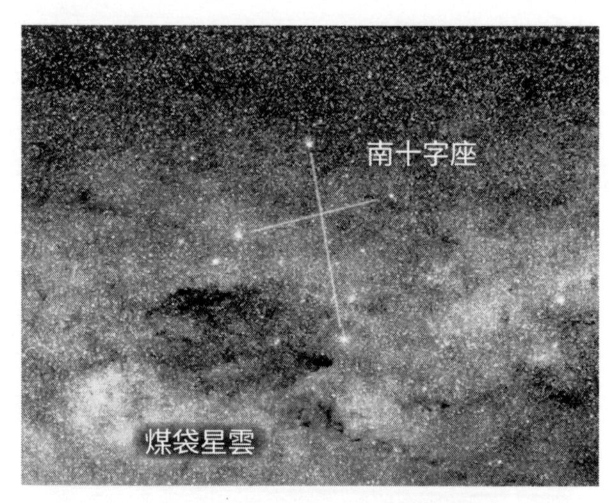

圖 3.14　位於南十字座的煤袋星雲

4. 超新星遺蹟：超新星遺蹟也是一類與瀰漫星雲性質完全不同的星雲，它們是超新星爆發後拋出的氣體形成的。與行星狀星雲一樣，這類星雲的體積也在膨脹之中，最後也趨於消散。最有名超新星遺蹟是金牛座中的蟹狀星雲（見圖3.15）。它是由一顆在 1054 年爆發的銀河系內的超新星留下的遺蹟。在這個星雲中央已發現有一顆中子星，但因為中子星體積非常小，用光學望遠鏡不能看到。它因為有脈衝式的無線電波輻射而被發現，並在理論上確定為中子星。

圖 3.15　著名的蟹狀星雲中心有一顆中子星

5. 瀰漫星雲：瀰漫星雲正如它的名稱一樣，沒有明顯的邊界，常常呈現為不規則的形狀，猶如天空中的雲彩，但是它們一般都得使用望遠鏡才能觀測到，很多只有用天體照相機作長時間曝光才能顯示出它們的美貌。它們的直徑在幾十光年左右，密度很低。它們主要分布在銀道面附近。比較著名的瀰漫星雲有天蠍座大星雲（見圖 3.16）、獵戶座大星雲和馬頭星雲等。瀰漫星雲是星際介質集中在一顆或幾顆亮星周圍而造成的亮星雲，這些亮星都是形成不久的年輕恆星。

圖 3.16　天蠍座瀰漫星雲

6. 行星狀星雲：行星狀星雲呈圓形、扁圓形或環形，有些與大行星很相像，因而得名，但和行星沒有任何聯繫。不是所有行星狀星雲都是呈圓面的，有些行星狀星雲的形狀十分獨特，如位於狐狸座的 M27 啞鈴星雲及英仙座中 M76 小啞鈴星雲等。樣子有點像吐出的煙圈，中心是空的，而且往往有一顆很亮的恆星在行星狀星雲的中央，稱為行星狀星雲的中央星，是正在演化成白矮星的恆星。中央星不斷向外拋射物質，形成星雲。可見，行星狀星雲是恆星晚年演化的結果，它們是與太陽差不多質量的恆星演化到晚期，核反應停止後，走向死亡時的產物。比較著名的有寶瓶座耳輪狀星雲和天琴座環狀星雲（見圖 3.17），能看到從中央星噴出的層層物質。這類星雲與彌漫星雲在性質上完全不同，這類星雲的體積處於不斷膨脹之中，最後趨於消散。行星狀星雲的「生命」是十分短暫的，通常這些氣殼在數萬年之內便會逐漸消失。

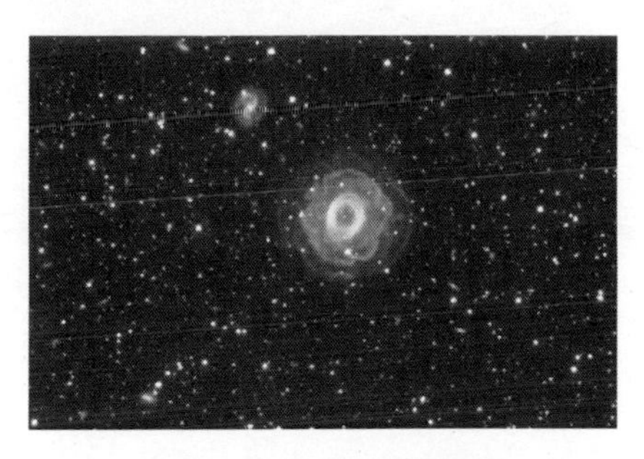

圖 3.17　天琴座環星雲

3.2.2　恆星演化和元素誕生

恆星是宇宙中最主要的天體，它由星雲（團）凝聚而成，年老了之後會形成白矮星、脈衝星、中子星、黑洞等。所以，我們談論星雲和黑洞，就很有必要認識一下恆星演化的過程。

恆星演化的主要階段

恆星的演化大體可分為如下 4 個階段：恆星誕生階段：恆星處於幼年時代。目前空間紅外線望遠鏡發現了許多更早期的恆星，我們稱之為「胎星」；主序星階段：恆星處於壯年期；紅巨星階段：恆星處於中年期；白矮星階段：恆星處於老年期。大多數恆星的一生，大體是這樣度過的（見圖 3.18）。大質量的恆星會形成中子星、脈衝星和黑洞。下面對這 4 個階段分別進行介紹。

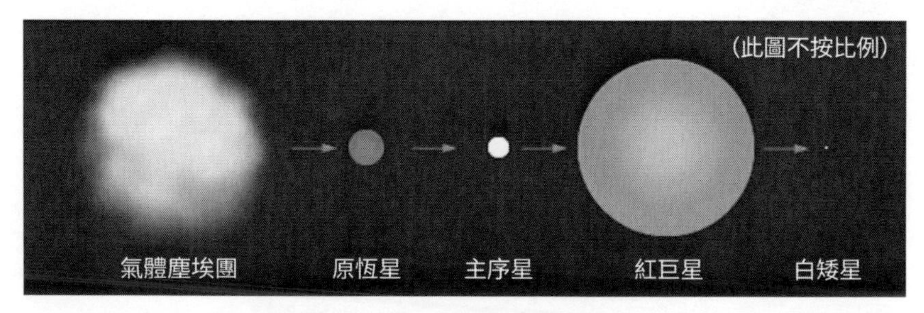

圖 3.18　恆星誕生、演化簡圖

1. 恆星的誕生：宇宙中的星際物質在空間的分布並不是均勻的，通常是成塊地出現，形成瀰漫星雲。星雲裡 3/4 質量的物質是氫，處於電中性或電離態，其餘為氦以及極少數比氦更重的元素。在星雲的某些區域還存在氣態化合物分子，如氫分子、一氧化碳分子等。如果星雲裡包含的物質足夠多，那麼它在動力學上就是不穩定的。在外界擾動的影響下，星雲會向內收縮並分裂成較小的團塊，經過多次的分裂和收縮，逐漸在團塊中心形成了緻密的核。當核區的溫度升高到氫核聚變反應可以進行時，一顆新恆星就誕生了。
2. 主序星：恆星內部，氫核聚變為主要能源的發展階段就是恆星的主序階段。處於主序階段的恆星稱為主序星。主序階段是恆星的青壯年期，恆星在這一階段停留的時間占整個壽命的 90% 以上。這是一個相對穩定的階段，向外膨脹和向內收縮的兩種力大致平衡，恆星基本上不收縮也不膨脹。恆星停留在主序階段的時間隨著質量的不同而相差很多。質量越大、光度越大、能量消耗也越快，停留在主序階段的時間就越短。例如，質量等於太陽質量的 15 倍、5 倍、1 倍和 0.2 倍的恆星，處於主序階段的時間分別為一千萬年、七千萬年、一百億年和一萬億年。

   目前的太陽也是一顆主序星。太陽現在的年齡為 46 億多年，它的主序階段已過去了約一半的時間，還要 50 億年會轉到另一個演化階段。與其他恆星相比，太陽的質量、溫度和光度都大概居中，是一顆相當典型的主序星。主序星的很多性質可以從研究太陽得出，恆星研究的某些結果也可以用來了解太陽的某些性質。

3. 紅巨星與紅超巨星：當恆星中心區的氫消耗殆盡形成由氦構成的核球之後，氫融合的熱核反應就無法在中心區繼續。這時引力重壓沒有輻射壓來平衡，星體中心區就要被壓縮，溫度會急遽上升。中心氦核球溫度升高後使緊貼它的那一層氫氦混合氣體受熱達到引發氫聚變的溫度，熱核反應重新開始。如此氦球逐漸增大，氫燃燒層也跟著向外擴展，使星體外層物質受熱膨脹起來向紅巨星或紅超巨星轉化。轉化期間，氫燃燒層產生的能量可能比主序星時期還要多，但星體表面溫度不僅不升高反而會下降。其原因在於：外層膨脹後受到的內聚引力減小，即使溫度降低，其膨脹壓力仍然可抗衡或超過引力，此時星體半徑和表面積增大的程度超過產能率的增長，因此總光度雖可能增長，表面溫度卻會下降。質量高於 4 倍太陽質量的大恆星在氦核外重新引發氫聚變時，核外放出來的能量未明顯增加，但半徑卻增大了好多倍，因此表面溫度由幾萬開降到三四千開，成為紅超巨星。質量低於 4 倍太陽質量的中小恆星進入紅巨星階段時表面溫度下降，光度卻急遽增加，這是因為它們外層膨脹所耗費的能量較少而產能較多。

預計太陽在紅巨星階段將大約停留 10 億年時間，光度將升高到今天的好幾十倍。到那時候，地面的溫度將升高到今天的兩三倍，北溫帶夏季最高溫度將接近 100°C。

4. 大質量恆星的死亡：大質量恆星經過一系列核反應後，形成重元素在內、輕元素在外的洋蔥狀結構，其核心主要由鐵核構成。此後的核反應無法提供恆星的能源，鐵核開始向內坍塌，而外層星體則被炸裂向外拋射。爆發時光度可能突增到太陽光度的上百億倍，甚至達到整個銀河系的總光度，這種爆發叫做超新星爆發。超新星爆發後，恆星的外層解體為向外膨脹的星雲，中心遺留一顆高密天體。

   金牛座裡著名的蟹狀星雲就是西元 1054 年超新星爆發的遺蹟。超新星爆發的時間雖短不及 1 秒，瞬時溫度卻高達萬億開，其影響更是巨大。超新星爆發對於星際物質的化學成分有關鍵影響，這些物質又是建造下一代恆星的原材料。

   超新星爆發時，爆發與坍塌同時進行，坍塌作用使核心處的物質壓縮得更為密實。理論分析證明，電子簡併態不足以抗住大坍塌和大霹靂的異常高壓，處在這麼巨大壓力下的物質，電子都被擠壓到與質子結合成為中子簡併態，密度達到 10 億噸／立方公分。由這種物質構成的天體叫做中子星（見圖 3.19）。一顆與太陽質量相同的中子星半徑只有

大約 10 公尺。

從理論上推算，中子星也有質量上限，最大不能超過大約 3 倍太陽質量。如果在超新星爆發後核心剩餘物質還超過大約 3 倍太陽質量，中子簡併態也抗不住所受的壓力，只能繼續塌縮下去。最後這團物質收縮到很小的時候，在它附近的引力就大到足以使運動最快的光子也無法擺脫它的束縛。因為光速是現知任何物質運動速度的極限，連光子都無法擺脫的天體必然能束縛住任何物質，所以這個天體不可能向外界發出任何訊息，而且外界對它探測所用的任何媒介包括光子在內，一貼近它就不可避免地被它吸進去。它本身不發光併吞下包括輻射在內的一切物質，就像一個漆黑的無底洞，所以這種特殊的天體就被稱為黑洞。

圖 3.19　從星雲到黑洞

元素的形成

恆星在主序帶時期，與後主序帶階段，都會進行比氫更重的元素的合成。所合成的「重元素」，會經由後主序帶時的氦閃、碳閃行星狀星雲、新星爆炸或超新星爆炸等過程，把重元素散播到星際之間。與星際物質混合的重元素，成為下一代恆星誕生的部分原料，將如浴火鳳凰般再生。地球上比氫重的元素，都是已死亡的恆星的遺產，所以地球上，有生命或無生命的萬物都是天上的星宿下凡。在天文學中，比氦重的元素都稱為「重元素」，有時甚至稱為「金屬」。重元素的形成過程與條件見表 3.2。

表 3.2　恆星內的核融合反應

核燃料	核反應產物	最低點燃溫度 /K	主序星質量 /$M_{太陽}$	融合持續時間 /年
氫 (H)	氦 (He)	2×10^7	0.1	7×10^6
氦 (He)	碳 (C)、氧 (O)	1.2×10^8	0.1	0.5×10^6
碳 (C)	氖 (Ne)、鈉 (Na)、鎂 (Mg)、氧 (O)	6×10^8	4	600
氖 (Ne)	氧 (O)、鎂 (Mg)	1.2×10^9	～8	1
氧 (O)	矽 (Si)、硫 (S)、磷 (P)	1.5×10^9	～8	0.5
矽 (Si)	鎳 (Ni)、鐵 (Fe)	2.7×10^9	～8	1 天

圖 3.20 所示則反映了恆星內部不同元素參與熱核聚變的條件和過程，並顯示了恆星內部的「圈層結構」。

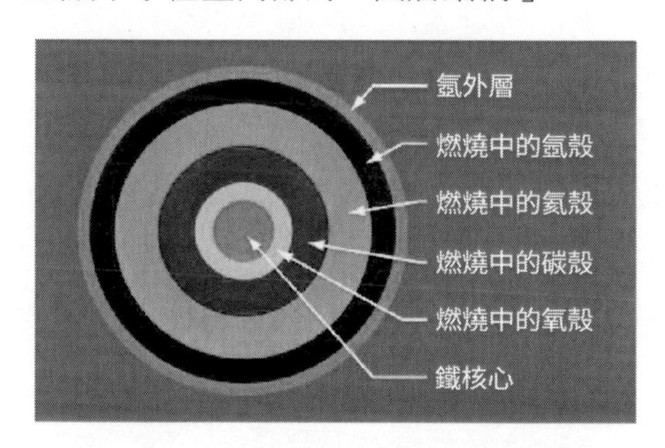

圖 3.20　大質量恆星不同演化階段形成的「圈層結構」

在天文學中，一般元素是指比鐵輕的化學元素，在後主序時期的恆星，經由氦原子核俘獲、中子俘獲與質子俘獲，產生比矽 -28 輕的元素。氦原子核俘獲是較常發生的反應，所以原子序數為 4 的整數倍的元素豐度也較高（見圖 3.21）。

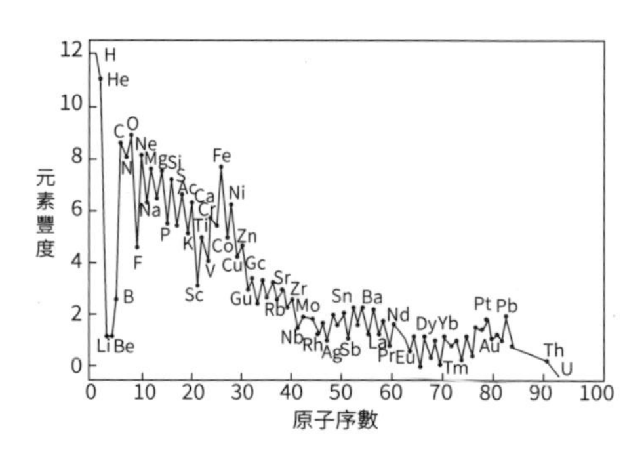

圖 3.21　宇宙中元素成分占比情況

對核心溫度 2.7×10^{9}K，高到可以產生矽融合的恆星，經氦原子核俘獲產生的重元素，有一部分會高熱而自行分解或稱光分解成較輕元素的原子核。而在氦原子核俘獲與光分解的過程中，產生了一系列比矽重的元素直至產生鐵為止（見圖3.22）。

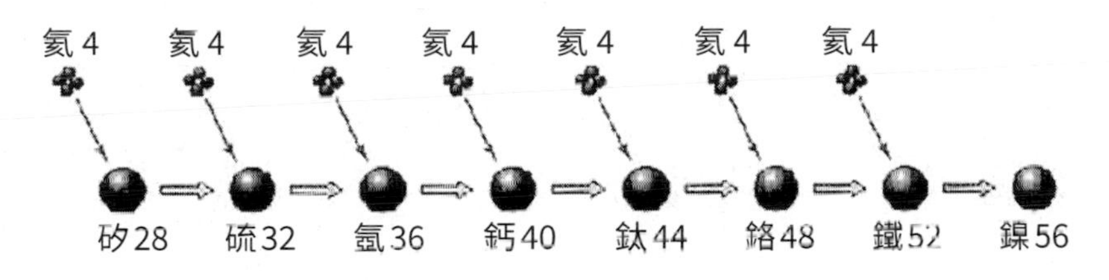

圖 3.22　原子序為 4 的整數倍的元素豐度也較高

因為比鐵重的元素，在進行核融合成更重的元素時會吸收能量，而不是放出能量。因此一般認為，比鐵重的元素，只有在超新星爆炸的過程中，重元素的原子核經由中子俘獲產生。

大質量恆星在演化的最末期，由於鐵核心崩潰而發生超新星爆炸。爆炸的歷程通常不到一秒就已經結束，所以在爆炸的過程中，所合成比鐵重的元素相對來說豐度也較小，故又通稱為稀有元素。

3.2.3　宇宙「怪異」天體大全

美國「國家地理新聞」網站刊登了一組圖片，展現了天文學家在外太空發現的一系列怪異的天體，其中包括黑寡婦星雲、冥府行星 CoRoT-7b、被稱為「Ia 型超新星」的殭屍恆星以及酷似索倫之眼的恆星南魚嘴。

黑寡婦星雲

黑寡婦星雲位於圓規座（見圖 3.23（a）），由分子氣體構成，外形好似一隻可怕的蜘蛛。這個星雲內存在大量大質量年輕恆星，位於中部的黃色區域。恆星產生的輻射將周圍氣體吹進兩個方向相反的「氣泡」，形成球莖狀的「身體」和「蜘蛛腿」。

索倫之眼

2008 年，天文學家將哈伯太空望遠鏡對準「索倫之眼」並發現一顆新行星。「索輪之眼」這個名字來源於電影《魔戒》，實際上是指南魚嘴，它是南魚座中最亮的一顆星，距地球大約 25 光年（見圖 3.23（b））。其熾熱的「虹膜」實際上是一個形成行星的物質構成的環，環繞這顆恆星。環內的一個小亮點是類似木星的行星南魚嘴 b。這幅照片是第一幅展現環繞另一顆恆星的行星可見光照片。

(a)

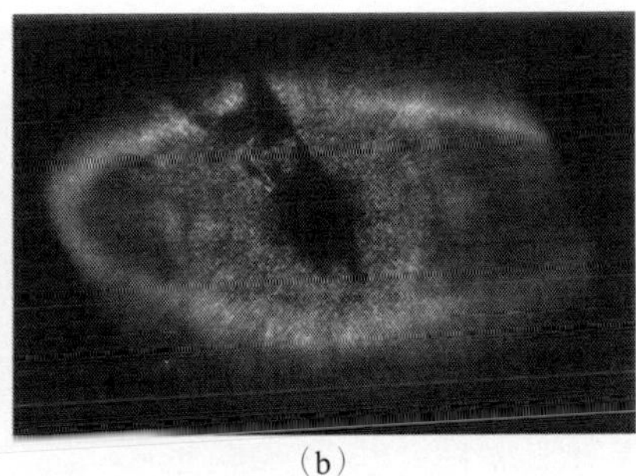
(b)

圖 3.23　黑寡婦星雲和索倫之眼

冥府行星

系外行星 CoRoT-7b 堪稱一個地獄，熾熱的石雨從天而降，一側存在廣闊的熔岩海，另一側永遠被恆星發出的光線烘烤。2009 年，科學家第一次對 CoRoT-7b 進行描述，它是科學家發現的第一顆（銀河）系外多岩行星。它距離母星 150 萬英里（約 250 萬公里，見圖 3.24（a）），是水星與太陽間距離的 1/23。這顆行星同樣受潮汐能影響，一側始終朝向所繞恆星，另一側則永遠處於黑夜之中。根據天文學家的計算，朝著恆星的一側溫度達到 2,327 攝氏度。

殭屍恆星

當一顆類日恆星死亡時，它會吞噬外層氣體，最後留下的屍體為「白矮星」。有時候，恆星屍體也會因為吸收附近恆星的物質起死回生。這種殭屍恆星被天文學家稱為「Ia 型超新星」。在消耗附近恆星的大量物質並達到質量極限時，白矮星會發生爆炸，形成超新星。

圖 3.24（b）展示的天體被稱為「第谷超新星殘餘」，是 Ia 型超新星最著名的例子之一。

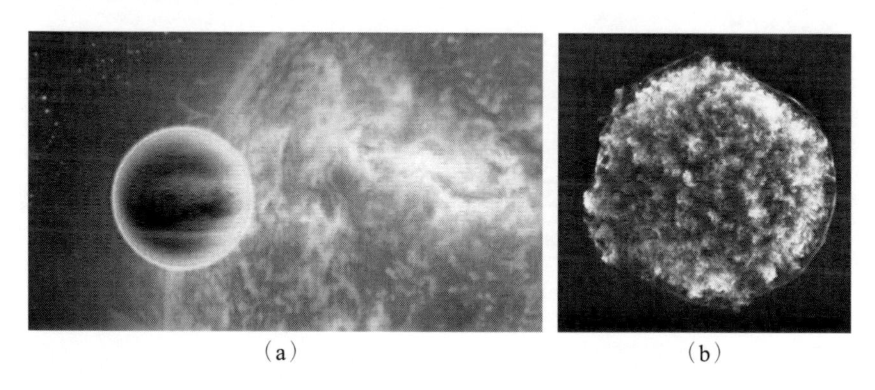

（a）　（b）

圖 3.24　離母恆星太近的「冥府行星」和「殭屍恆星」

獵戶座的蝙蝠

2010 年 3 月，歐洲南方天文臺的天文學家在觀測獵戶座一個漆黑的角落時拍攝了一幅「宇宙蝙蝠」照片，也就是 NGC 1788 星雲。與利用自身加熱氣體發光的星雲不同，這個星雲利用冷氣體和塵埃反射和散射內部年輕恆星的光線發光。圖 3.25 (a) 所示由智利歐洲南方天文臺的拉西拉望遠鏡拍攝，結合 3 種可見光波長揭示「蝙蝠」的明亮面部以及兩側的黯淡「翅膀」。

黑洞同類相殘

在 NGC 3393 星系內，兩個黑洞相互對抗併吞噬對方（見圖 3.25（b））。美國宇航局錢德拉 X 射線望遠鏡項目的科學家公布了這幅合成圖片，展現渦旋星系 NGC 3393。在這個星系中部，兩個相隔僅 490 光年的超大質量黑洞上演同類相殘的「宇宙慘劇」。天文學家認為 NGC 3393 一定吞噬了另一個質量較小的星系，後者的中部同樣存在一個黑洞。這兩個黑洞將一直對抗下去，直至一方消滅另一方。

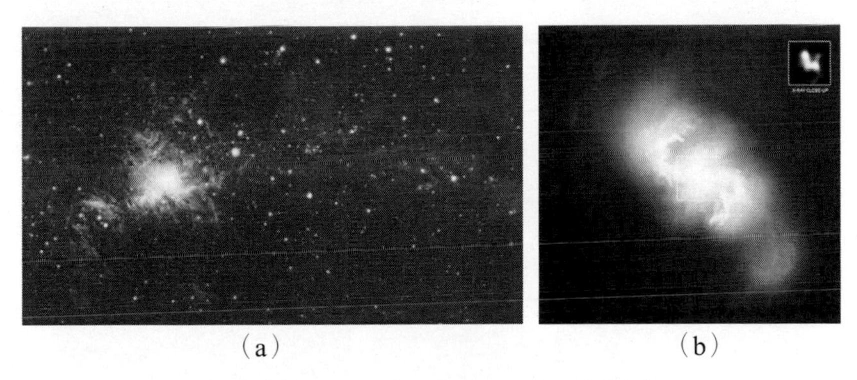

(a)　(b)

圖 3.25　Ia 型超新星爆發 (a) 和黑洞相殘

小幽靈星雲

小幽靈星雲 NGC 6369 是很多業餘天文學家的最愛。從地球上觀察，它是一個黯淡的氣體雲，環繞一顆恆星屍體，坐落於蛇夫座。圖 3.26（a）所示是「哈伯」2004 年拍攝的照片，小幽靈星雲展示了其更多細節，揭示了已死恆星放射出的氣體的演化。恆星產生的紫外輻射剝離氣體中的原子，讓附近區域離子化，形成明亮的藍綠環。外緣的紅色區域離子化程度相對較低。

土衛一

土衛一「彌瑪斯」是土星眾多衛星中的一個，表面坑坑窪窪。圖 3.26（b）展示的是「赫歇爾」大隕坑，它直徑大約在 80 英里（約 130 公里）左右，相當於土衛一直徑的三分之一。天文學家認為形成「赫歇爾」的撞擊幾乎撕裂了這顆直徑 250 英里（約 400 公里）的衛星。

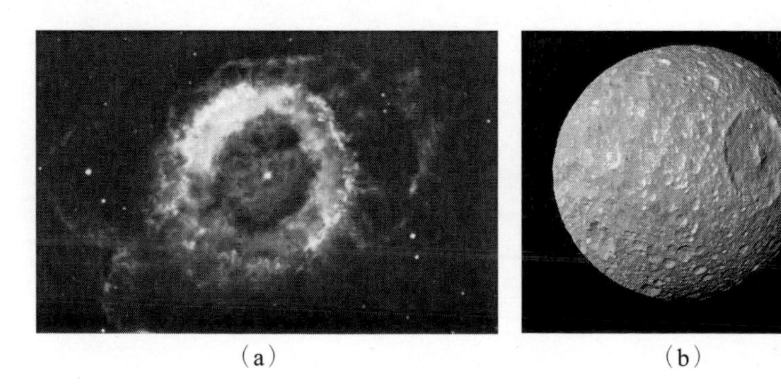

（a）　（b）

圖 3.26　小幽靈星雲（a）和土衛一上巨大的「赫歇爾」大隕坑

吸血鬼恆星

我們的銀河系存在一系列所謂的「藍離散星」，它們透過吸收其他恆星的物質，保持年輕的外貌。藍離散星通常在密集的星團中形成，所含的恆星據信形成時間大致相同，其中大部分是銀河系內最古老的恆星。但藍色也說明內部存在年輕恆星。科學家認為這些吸血鬼「偷盜」附近恆星的氣體（見圖3.27（a）），讓年老的恆星增加質量，進而讓壽命延長數億年。

10. 太空魔幻星雲

這是一張連天文學家目前也不好解釋的星雲照片（見圖3.27（b））。絢麗、魔幻，充滿了魅力，相信能給每個看到它的人帶來幸運！

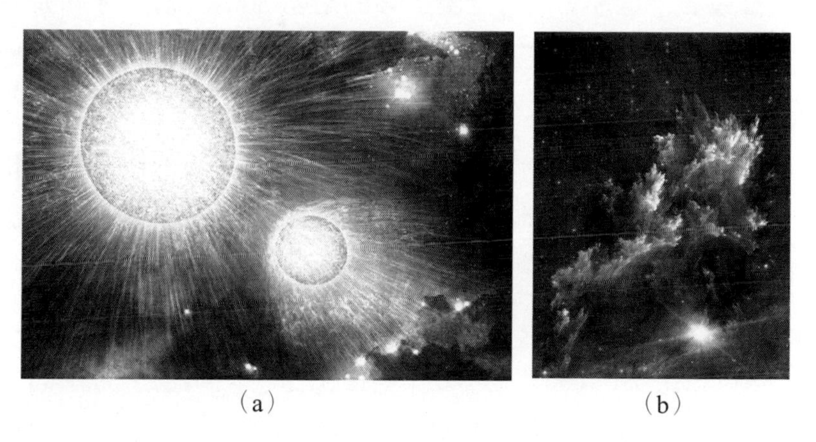

（a）　　（b）

圖 3.27　吸血鬼恆星（a）和太空魔幻星雲

3.3 到底是什麼樣的宇宙

宇宙的奇妙一次次地超出了我們想像的「上限」。那我們居住的到底是一個什麼樣的宇宙呢？

3.3.1 宇宙是「輪迴」的嗎

直到現在，很多西方人還認為地球和天空是在 6,000 萬年前經超自然的創造形成的。無論如何，現在大多數科學家都接受這樣一個事實：即太陽系是在 46 億年前由塵埃雲和氣體雲經過一個自然過程後形成的，而且也許在 150 億年以前宇宙形成後這些雲就已經存在了。

在宇宙的開端，在時空誕生後的最初 30 萬年裡，宇宙是不透明的。隨著質子和電子互相結合成原子，輻射就可以自由地通過了，於是就形成了一個可觀測的宇宙。

但是如果我們回到大霹靂的時候並假設宇宙的所有物質和能量都集中在一個相當稠密的小球中，這個小球非常熱，它發生爆炸形成了宇宙，那麼這個小球是從哪來的呢？它是怎麼形成的呢？我們一定要假設在這一階段裡有超自然創造嗎？

不一定，科學家們在 1920 年推出了一門叫量子力學的學科，它太複雜了，以至於我們無法在這裡解釋。這是一個非常成功的理論，它恰當地解釋了其他理論無法解釋的現象，而且還可以預測新現象，所預測的新現象和實際上發生的完全相同。

1980 年，一位美國物理學家阿蘭·古斯（Alan Guth）開始用量子力學研究了有關大霹靂起源的問題。我們可以假想在大霹靂發生以前，宇宙是一個巨大的發光的海，裡面什麼都不存在。很明顯這種描述是不準確的，這些不存在應該包含著能量，所以它不是真空，因為按定義真空裡應該什麼都沒有。前宇宙含有能量，但它的所有組成部分和真空的成分相似，所以它被叫做假真空。

在這個假真空裡，一個微小的質點存在於有能量的地方，它是透過無規律變化的、無目的的力量形成的。

事實上，我們可以把這個發光的假真空想像成一個泡沫狀的泡泡團，它可以在各處產生一小片存在物，就像海浪產生的泡沫一樣。這些存在物中有的很快就消失了，回歸到假真空；而有的正相反，變得很大或者經過大霹靂形成像宇宙那樣的物體。我們就住在這樣一個成功存在下來的泡泡裡。

但是這個模型有很多問題，科學家們一直在彌補和解決它們。如果他們解決了這個問題，我們會不會有一個更好的觀點來解釋宇宙從何而來呢？

當然，如果古斯理論的一部分是正確的，我們可以簡單地回頭探詢假真空的能量最初是從哪裡來。這個我們說不出來，但這並不能幫助我們證實超自然物質的存在，因為我們還可以再繼續問超自然物質是從哪裡來的。這個問題的答案令人震驚，即「它不來自任何地方，它總是這樣存在的」（見圖 3.28）。這是很難想像的，也許我們得說假真空中的能量也是從來都這樣存在的。

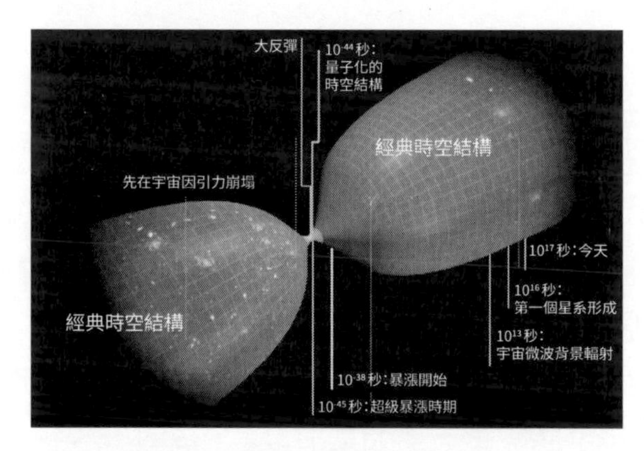

圖 3.28　量子化的時空結構宇宙

美國密西根大學的天文學家亞當斯（Fred Adams）和勞夫林（Gregory Laughlin）推測（當今）宇宙的整個壽命約為 10^{200} 年。這比從宇宙大霹靂到現今的宇宙年齡（為 150 億～200 億年）約大 10^{190} 倍。為了表達方便，對於如此之大的天文數字，他們創造了一種「宇宙年代」表達法，即將 10^{N} 年定義為 N 個宇宙年（即 10^{100} ＝ 100 宇宙年），顯然，相對於 200 宇宙年目前的宇宙就還是幼年期。亞當斯和勞夫林兩人認為宇宙從開始產生到最後毀滅將經歷四個階段：即繁星期、衰落期、黑洞期和黑暗期。他們的研究是建立在宇宙大霹靂理論的基礎之上的，同時使用了電腦模擬技術，並融合了最新的天文學成果。

繁星期

宇宙大霹靂至今已有約 200 億年的歷史。宇宙目前正處於繁星期中期。在這個時期，恆星和星系保持較高的能量，因此夜空中呈現一片繁星閃爍的景象。天文學認為，太陽是一個已經 46 億歲的黃矮星。再過數十億年以後，當它的能量逐漸消耗完的時候，它將先衰變為紅巨星（體積膨脹到目前火星的軌道），然後進一步縮小變成白矮星。那時候的太陽只有地球一般大小，而且由於它散發出的巨大熱量，它將使地球上的一切生命無法存在，那時人類將不得不在宇宙中另尋棲身之地。有一種叫做紅矮星的恆星不會衰變成紅巨星，但它們的燃料也只能維持 10 億年。當紅矮星最後也開始逐漸黯淡下去的時候，宇宙就開始進入衰落期。

衰落期

亞當斯等人認為，宇宙的衰落期將從距今 1,000 億年以後開始。在這個時期，宇宙中到處都是失去燃料的星體殘骸，它們包括白矮星、褐矮星、中子星和黑洞。這個時期的一個特點是，原來巨大的恆星坍塌到相對較小的空間之內，可能只有原來恆星的核心部分那麼大。由於這些物質無法再利用氫為原料進行核聚變，因此它們完全失去了光輝。這時的次原子微粒也失去了以往的物理特性。

在衰落期，星系開始逐漸解體。衰變的星體相互碰撞，一些將從此漫遊於廣闊原星際空間，一些便滑向星系的中心部分。在此過程中，一些星體殘骸將被黑洞吞噬，而兩顆褐矮星也有可能相撞形成新星。這時宇宙中的文明將不得不適應衰落期的現實，而新的生命將不會自動產生。研究人員透過計算發現，衰落期的白矮星將吸收宇宙中游離的「弱相互作用質量微粒」，這一過程將給黯淡的宇宙增添一絲熱量。

黑洞期

黑洞期是宇宙的可怕期，但這一時期距現在還有相當長的時期。專家們認為，到距今大約 38 個宇宙年（即 10^{38} 年）以後，恆星的殘骸開始解體，這時宇宙的演變將慢慢進入黑洞期。衰落期終結時光子開始喪失（光子存在於每一個電子之中），光子的喪失將導致白矮星和中子星的解體，使宇宙中絕大部分質量轉化為能量，同時象徵著衰落期的結束。隨著光子從電子中逃逸出來，一切以碳為基礎的生命將不能在宇宙中繼續生存。

由於黑洞具有極大的引力，它能將一切靠近它的物質吸引到其中而成為它的一部分。但根據量子力學理論，黑洞的周圍部分也會損失一些能量。這些微小的損失在經典物理學中幾乎可以忽略不計，但經過億萬年的過程，黑洞最終也逃脫不了解體的結局。

黑暗期

黑暗期是指整個宇宙處於一片黑暗。亞當斯等天文學家們認為，當宇宙中最後一個黑洞也煙消雲散之後，整個宇宙的景像是茫茫宇宙陷入一片黑暗，所有的星星早已燃燒殆盡，一切有機生命形式都歸於沉寂，黑暗之中僅存的是由一些基本粒子構成的薄雲。一片由正電子、負電子、光子和微中子組成的雲霧散布在無邊無際的時空當中。在大約 100 個宇宙年（10^{100} 年）之後，光的波長將變得相當長，亮度也變得相當暗，那時的宇宙將成為一個當今人們無法了解的世界。這幅由亞當斯和勞夫林描繪的圖畫，也許是目前人們能得到的關於宇宙終結的最具體的描述。

3.3.2　正在變化的宇宙

生活不止眼前的苟且，還有宇宙的創生與毀滅！

圖 3.29 中的時間軸由左至右，展現了目前我們對宇宙歷史的了解。宇宙誕生於大霹靂發生的那一刻，也在那一刻開始了急遽膨脹，稱為宇宙暴脹。

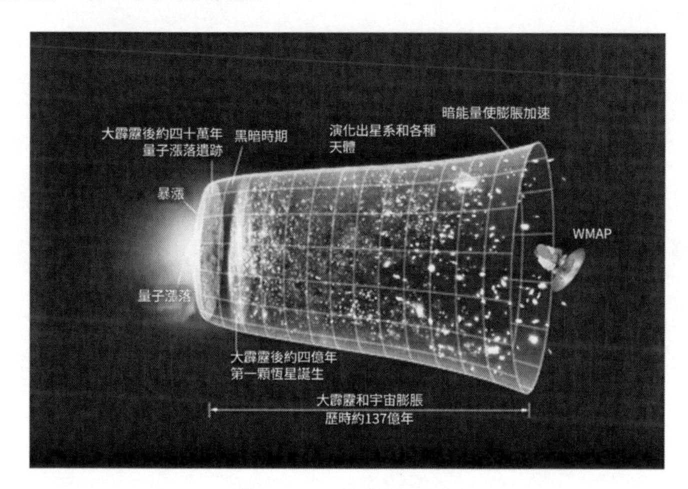

圖 3.29　我們的宇宙

我們的地球在宇宙誕生 92 億年後形成。宇宙的膨脹一直持續到今天，並且在加速膨脹中。從這張宇宙演化圖解，可以看出宇宙的結構在越來越大。我們將以大霹靂為起點，沿著時間軸前進，去看看宇宙是如何演化成今天的樣子。

宇宙大霹靂：137.5 億年前

在 20 世紀初，比利時天文學家、天主教神父勒梅特計算出宇宙正在膨脹。透過數學上的倒推，他推論出宇宙誕生時只有一丁點兒大，密度卻高得驚人，他稱之為原始原子（原始湯），宇宙中所有物質都被壓縮於其中。天文學家霍伊爾將這個原子的爆炸戲謔地稱之為「The Big Bang」，即宇宙大霹靂（圖 3.30）。

圖 3.30　「The Big Bang」和勒梅特

宇宙大霹靂解釋了為什麼遙遠天體光譜的譜線向紅端移動。這一現象被稱為紅移。紅移導致移動中恆星的光改變了顏色，其波長被膨脹的空間拉伸了。天體距離地球越遠，紅移越大，遠離的速度也越大。美國天文學家哈伯透過觀測證實了紅移確實與距離有關，這種關聯被稱為哈伯定律。

宇宙大霹靂後最初的幾分之一秒

1970 年代的天文學家們在理解早期宇宙時遇到了一個問題。當他們用無線電望遠鏡探測深空時，他們發現了一個微弱的背景輝光。奇怪的是，輻射背景光在各個方向上幾乎一模一樣，這似乎不合理，後來物理學家將其稱作宇宙微波背景輻射（圖 3.31）。

1980 年美國物理學家阿蘭 · 古斯提出了一種解釋。他推測在宇宙大霹靂之後的幾分之一秒裡，宇宙急遽地膨脹，其體積激增了 10^{78} 倍。宇宙暴脹模型揭示了，我們能看到的宇宙一定只是那些我們永遠無法直接觀測的宇宙極小的一塊。

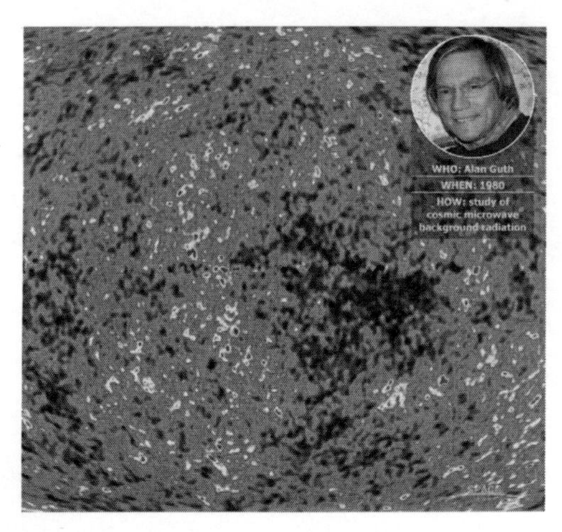

圖 3.31　微波背景輻射和宇宙學之父阿蘭 · 古斯

宇宙大霹靂後 0.001 秒至 3 分鐘

在接下來的宇宙暴脹中，已經開始冷卻的宇宙仍然有著我們難以想像的高溫，然後基本粒子從一種叫做夸克 —— 膠子電漿的物質中產生（見圖 3.32）。

大霹靂後千分之一秒，巨量物質和反物質發生湮滅（剩下的物質構成了今天的宇宙）。三分鐘內，宇宙的溫度降至 10 億度，原子從最基本的元素氫和氦中形成。

基本的核粒子 —— 質子和中子 —— 由更為基本的粒子「夸克」構成。物理學家們正試圖重新產生構成早期宇宙的電漿；他們的辦法就是用粒子加速器在高能狀態下讓亞原子對撞。

圖 3.32　巨量物質和反物質發生湮滅

宇宙大霹靂後 3 分鐘到 37.9 萬年

在這一階段，早期宇宙處於高溫和黑暗中。在大霹靂發生後約 37.9 萬年，宇宙冷卻到足夠光線從物質中分離出來。簡單地說，宇宙變得透明了。圖 3.33 展示的是 UDFy-38135539 星系，是迄今為止我們發現的最古老的星系之一，在宇宙的「黑暗時期」之後，約大霹靂後 4.8 億年出現。

圖 3.33　最老的宇宙天體

宇宙大霹靂後 1.5 億年到 10 億年

1960 年代，荷蘭天文學家施密特（Maarten Schmidt）在觀測深空時發現了一種奇怪的天體，在長波段上非常明亮，他認為這是類似恆星的射頻源。美國天文物理學家丘宏義將其命名為類星體（見圖 3.34）。

當施密特透過研究它們的譜線紅移來確定其與地球的距離時，有了驚人的發現。這些天體距地球數十億光年，因此只有極明亮才會在地球上被觀測到。隨後的研究表明，這些神祕的類星體是在宇宙早期就已形成的活躍星系。重力塌縮導致物質向核心聚集，最終形成了由數十億顆恆星構成的巨大黑洞。類星體中心的黑洞在吸收物質的同時將物質加熱成高溫等離子體，產生的射流接近光速。

圖 3.34　施密特和類星體

宇宙大霹靂後90億年

最早的恆星形成於宇宙誕生後3億年。這些恆星壽命短暫，體積巨大，主要由氫和氦構成，不含金屬物質。第一批恆星爆發後成為超新星，下一代恆星由上一代恆星的殘留物形成。分析太陽的光譜，可以看出其富含金屬，因此是在很多代恆星之後形成的。

太陽的能量來源一直是個謎，直到1905年愛因斯坦提出了偉大的質能轉換方程式 $E=mc^2$，問題才得以解決（見圖3.35）。1920年英國天體物理學家亞瑟．愛丁頓（Arthur Eddington）提出太陽的能量可能來自核融合，透過將氫轉化為氦來產生熱能和光能。對於太陽和其他恆星的光譜研究，證實了核融合反應創造出構成我們世界的原子元素。

圖3.35　愛因斯坦和宇宙能源

今天的宇宙

科學界已經將我們的宇宙起源、歷史、特性拼成了一幅震撼人心的圖景（見圖 3.36）。還有很多需要知道但我們卻一無所知的事。物理學界和宇宙學界仍然有大量的問題需要答案。這些答案似乎也關係到你、我、他，乃至人類的命運。

圖 3.36 今天的宇宙

3.3.3　宇宙、奇異、深邃、期待

仰望星空，會不會覺得宇宙很寧靜、很神祕。我們最後要讀者知道的，是你會覺得宇宙是多麼神奇。

巨大的電流場

這些大電流場（見圖 3.37）是被黑洞輻射出來的，一個電流場就是銀河系的 1.5 倍大！

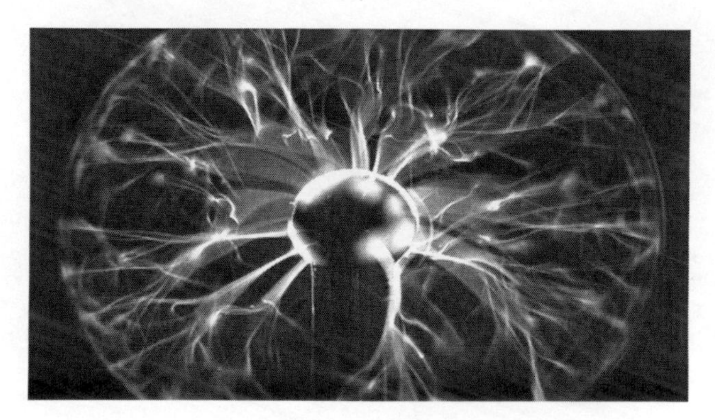

圖 3.37　黑洞激發的巨大的電流場

冥王星冰川

冥王星的溫度實在太低了，這顆星球上的冰比鋼還堅固（見圖 3.38）。你知道上面溫度有多低嗎？ -234℃！

圖 3.38 冥王星冰川

巨星

看到對比圖了嗎（見圖 3.39）？我們的太陽和大犬座 VY 相比，簡直弱爆了？這顆星球實在是太大了，它要是崩潰，所爆發的能量對宇宙簡直就是一場毀滅性的災難。

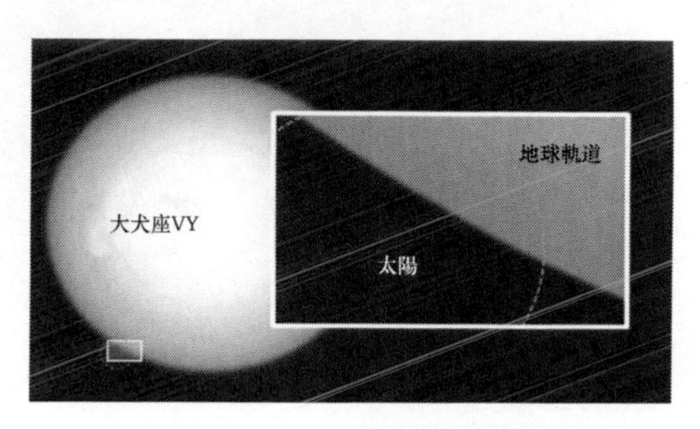

圖 3.39 超巨恆星

鑽石星

科學家最近發現了一顆行星，這個星球的 1/3 都是鑽石（見圖 3.40）。要是你能想辦法去的話就發大財了。

圖 3.40　鑽石星

水星上有一個米老鼠

米老鼠什麼時候去水星了（見圖 3.41）？科學家竟然在水星上發現了米老鼠的蹤影。

圖 3.41　水星上有一個米老鼠

超高速恆星

流星其實不是真正的星球，它們是銀河系中穿梭的隕石。但是有一種星球比流星還快（見圖 3.42），它們以每小時 250 萬公里的速度逃離銀河系。上帝保佑地球永遠不要遇到它們。

圖 3.42　超高速恆星

燃燒的冰行星

這顆燃燒的星球表面溫度有439℃，但是水分卻沒有蒸發，它們牢牢凝固在星球表面（見圖3.43），這就是傳說中的可燃冰。

圖3.43　燃燒的冰行星

一個巨大的水庫

圖3.44是宇宙中的一團雲，離地球有數萬光年之遠。這團雲上聚集的水量是地球所有水量的140萬倍。你可以穿上泳褲去那裡旅行。

圖3.44　一個巨大的水庫

暗能量

暗能量（見圖 3.45）占全宇宙的 68%，它們是宇宙不斷膨脹的動力。

圖 3.45　暗能量

暗物質

在我們可見的宇宙中，有 27% 是暗物質（見圖 3.46）。關鍵是，目前為止我們不知道它們是什麼！讓人有點毛骨悚然啊。

圖 3.46　暗物質

獨角獸

三葉星雲與獨角獸（見圖 3.47）的形狀一模一樣！

圖 3.47　獨角獸

一個幾乎適合居住的星球

這顆星球就在前面那顆冰行星附近（圖 3.48）。為什麼說這顆行星只是幾乎適合人類居住呢？因為它的自轉週期等於公轉週期（像月亮一樣），所以對著它附近太陽那一面熱得要命，背對「太陽」那一面冷得要命。不過剛好位於分界的地區應該是適合居住的。

圖 3.48　一個幾乎適合居住的星球

巨大的雲團

這是宇宙中最大的雲（團），或者說是目前發現的最大的東西。這團雲叫卑彌呼雲，是銀河系的一半大（見圖 3.49）。

圖 3.49 巨大的雲團

一顆寒冷的恆星

絕大部分恆星都熱得恐怖，但是這顆恆星卻不怎麼熱，甚至比你的體溫還低（見圖 3.50）。人體的正常體溫是 37℃，這（停止核聚變的黑矮星）上面的溫度是 31.7℃。

圖 3.50 一顆寒冷的恆星

一個由黏稠液體構成的巨大類星體

這團巨大的黏稠液體星球是銀河系的 40 倍大（圖 3.51），它的恐怖之處在於它的存在打破了人類已知的物理學定律。

圖 3.51　一個由黏稠液體構成的巨大類星體

快速移動的黑洞

這些黑洞（圖 3.52）是已經坍塌的恆星。黑洞是著名的吃貨，連光線都不放過。它們還是著名的跑步健將，以幾百萬公里的時速在宇宙中遊蕩，尋找獵物。一旦找到好吃的，它們的運動軌跡就會轉彎。很可怕的是，由於我們看不見它，所以科學家也不知道什麼時候地球會被這些黑洞當做食物吃掉。

這些事實離我們似乎很遙遠，但其實我們都是宇宙的一分子，我們有必要了解它們，了解宇宙。

圖 3.52　快速移動的黑洞

國家圖書館出版品預行編目資料

毀滅，還是新生？黑洞的可能與奧祕：天體碰撞、吸收光線、扭曲時空……為什麼人們要研究星空與黑洞？ / 姚建明編著 . -- 第一版 . -- 臺北市：崧燁文化事業有限公司 , 2022.09
面； 公分
POD 版
ISBN 978-626-332-644-6(平裝)
1.CST: 黑洞 2.CST: 宇宙 3.CST: 天文學
323.9　　111012193

毀滅，還是新生？黑洞的可能與奧祕：天體碰撞、吸收光線、扭曲時空……為什麼人們要研究星空與黑洞？

編　　著：姚建明
發 行 人：黃振庭
出 版 者：崧燁文化事業有限公司
發 行 者：崧燁文化事業有限公司
E-mail：sonbookservice@gmail.com
粉 絲 頁：https://www.facebook.com/sonbookss/
網　　址：https://sonbook.net/
地　　址：台北市中正區重慶南路一段六十一號八樓 815 室
Rm. 815, 8F., No.61, Sec. 1, Chongqing S. Rd., Zhongzheng Dist., Taipei City 100, Taiwan
電　　話：(02) 2370-3310　　　傳　　真：(02) 2388-1990
印　　刷：京峯彩色印刷有限公司（京峰數位）
律師顧問：廣華律師事務所 張珮琦律師

定　　價： 370 元
發行日期： 2022 年 09 月第一版
◎本書以 POD 印製